化工实践

实验室安全手册

刘海峰　曾　晖　李　瑞◎主编

Chemical Engineering Laboratory Safety Manual

·广州·

版权所有　翻印必究

图书在版编目（CIP）数据

化工实践实验室安全手册/刘海峰，曾晖，李瑞主编．—广州：中山大学出版社，2020.12
ISBN 978－7－306－07042－5

Ⅰ.①化… Ⅱ.①刘… ②曾… ③李… Ⅲ.①化学实验—实验室管理—安全管理—技术手册 Ⅳ.①O6－37

中国版本图书馆CIP数据核字（2020）第217231号

Huagong Shijian Shiyanshi Anquan Shouce

出 版 人：王天琪
策划编辑：高惠贞　曹丽云
责任编辑：曹丽云
封面设计：曾　斌
责任校对：卢思敏
责任技编：何雅涛
出版发行：中山大学出版社
电　　话：编辑部020－84110771，84110283，84113349，84110779
　　　　　发行部020－84111998，84111981，84111160
地　　址：广州市新港西路135号
邮　　编：510275　　　　传　真：020－84036565
网　　址：http：//www.zsup.com.cn　E-mail：zdcbs@mail.sysu.edu.cn
印 刷 者：广东虎彩云印刷有限公司
规　　格：787mm×1092mm　1/16　12.5印张　260千字
版次印次：2020年12月第1版　2020年12月第1次印刷
定　　价：42.00元

如发现本书因印装质量影响阅读，请与出版社发行部联系调换

序

实验室安全知识是每一门实验课开始前，科任教师首先要和学生讲解的内容，我认为它是所有化学实验课程的基础—— 一方面，让学生从理论高度认识实验室各个部分的组成和功能；另一方面，学生又通过这方面的学习拓展了很多的实验知识。这种安全知识尤为重要，会贯穿学生的学习生涯以及伴随以后的整个职业生涯（如果他们还继续从事化工专业方面的工作的话）。

编辑本手册的目的在于提醒高校教职工、研究生、本科生以及其他实验室工作人员，在实验室开展实验时，对于易出现安全事故的情况要时刻保持警惕，注意安全，在保护自己的前提下科学地进行实验，规范化操作；同时，要遵守学校和实验室的规章制度，避免事故的发生，确保教学、科研工作的顺利进行。

我和刘海峰老师在高校从事化学教学科研工作多年。2018 年暑假，她提议：现在社会对实验安全这么重视，我们职业相同，做了十多年化学教育工作，一起合著一本实验室安全手册，一方面，上实验课用得上；另一方面，带学生去工厂实习，也用得上。该提议一拍即合，于是，我们就有了这本书的撰写安排。

本书的特色在于针对实验室安全，通过事故案例的导引，让学生认识到实验室安全不仅仅是个认识问题，同时也是理论学习和动手实践的结合。我们从案例着手，先让学生了解案例，对案例进行分析，然后让学生了解实验室的每一个功能区域，再从实验室危险化学品管理入手逐渐引入安全防护知识，结合学生常去的实践基地工厂的工艺，让学生深刻领会安全的重要。书后还附有相关的安全法规、标准、规范，以便于读者查阅。

衷心希望这本书对学校的实验教学有益，为师生服务。

中山大学珠海校区化工学院　曾晖

2020 年 5 月于广州

前　言

实验室是实验教学和科研的重要场所，其建设和管理是高校工作中非常重要的一部分。近年来，实验教学和科研任务不断加重，实验室安全问题越来越受到各方的关注和重视。

化学实验室由于其自身的特殊性，实验种类多，所用实验设备和材料繁杂，实验过程常涉及易燃易爆、有毒化学品和一些在高温、高压、真空、辐射等条件下工作的设备，加强实验室安全已成为保证高校实验室高效规范运行的关键。本书结合我国化学实验室安全事例，对实验室建筑特点、消防安全知识、危险化学品知识、安全防护知识等进行了介绍。

本书共11章，包括实验室安全守则介绍、事故案例分析、实验室功能单元介绍、实验室设备管理规范介绍、安全防护知识介绍（消防安全、危险化学品处理、“三废”处理）、应急措施、化工工艺介绍等内容，希望读者在学习的过程中有所收益。

在本书的编写过程中，笔者得到了中山大学曾晖老师的支持。本书第一、三、四、八、九章由刘海峰编写，第二、五、六、七章由曾晖编写，第十、十一章由李瑞编写，部分内容由王义珍、李金辉、李国滨、林锐、黎根盛、靳计灿、林顺姣进行了校对。作者在编写此书的过程中，得到了上述人士的鼎力支持，通过反复交流和沟通，得益匪浅；同时，非常感谢出版社的支持。

由于作者水平有限，书中的疏漏和不妥之处在所难免，恳请同行、专家和读者不吝赐教。

华南农业大学材料与能源学院　刘海峰

2020年5月

目　　录

第1章　实验室安全守则

（1）实验室内禁止穿背心、短裙、短裤、露脚趾的鞋及钉子鞋等暴露过多皮肤的穿着，应穿着合适的实验服并扣上纽扣，如有需要，要戴口罩和护目镜。女生的长发应扎束起来。不得佩戴隐形眼镜。

（2）实验室是进行实验教学和学生实验操作的场所，必须保持安静，不得大声喧哗及随意摆弄仪器装置。不得喝水、吃东西、化妆等。严禁吸烟，严禁在实验室聊天、听音乐、看电影或打游戏等，严禁与实验无关的人员进入实验室。

（3）学生进入实验室后应按指定位置就座，并先熟悉实验室环境，如查看燃气阀、水阀、电闸、灭火器及实验室外消防水源等设施的位置，了解基本的求生或自救通道。出实验室前后都要用肥皂或洗手液洗手。

（4）小组长负责检查组内实验仪器是否安全正常运行，如有缺少或损坏，应及时向科任教师请求补发或调换，不得随意拿取其他实验台上的仪器使用。

（5）在实验课前，学生应仔细认真地预习本节课的实验内容；上课时认真听科任教师讲解有关的实验目的、要求、步骤及注意事项，严格遵照教师指导动手做实验。不得随意更改实验内容和实验步骤及乱用实验试剂。不得进行本项实验内容以外的其他实验。如有需要，必须事前提出报告，经科任教师允许后才能按规定的实验方案进行。

（6）在实验室实验时要遵守课堂的各项要求，实验操作时要认真仔细、聚精会神、周密思考、保持安静，保持良好的秩序，不得随便走动，尤其是不得碰撞旁人或拿仪器、药品玩耍，以免发生意外。

（7）进行存在危险隐患的实验时，要根据实验情况采取必要的安全措施，如戴护目镜、面罩或橡胶手套等；须在通风橱中进行的实验，使用通风橱前应检查抽风系统是否正常运行。

（8）使用电器时要严格按照操作顺序，经科任教师许可后方可接通电源，使用完毕后切断电源。

（9）实验时要严格按照操作步骤进行，仔细观察实验现象，并如实进行实验记录。若实验过程中发现实验现象不清或有疑问，可咨询科任教师或申请重做。

（10）当自己做的实验的现象与其他同学不一致时，要以个人实验为准，不得任意更改实验记录，必须养成实事求是的科学态度。

（11）严格遵循实验安全操作规程，爱护仪器设备。学生在实验中发生意外事故或损坏仪器，应及时向科任教师报告，凡因不按操作规程进行实验而造成仪器损坏和药品浪费的，均应照价赔偿。

（12）增强环保意识，爱惜药品和实验材料，剩余药品要回收，不得随意扔进水槽里；废液、废纸以及火柴梗等杂物不得倒入水槽中或随地乱扔，应分别倒入指定的废液缸或垃圾箱内，保持实验场所的清洁卫生。

（13）实验中如发生中毒、失火、爆炸等意外事故，不要惊慌，应按照安全规则及时处理，事后要检查原因并记入事故登记簿。

（14）实验完毕后，关闭电源、水源，把废渣、废液倒入指定的容器内，清洗并整理实验仪器，按规定要求把仪器、药品放回原位。最后做好实验桌面和室内的卫生工作，经科任教师检查无误后方能离开实验室。值日生负责打扫实验室。

（15）实验室的一切物品未经教师许可不得带出实验室。实验室的钥匙未经许可，严禁擅自配置。一旦发生事故，私自配钥匙的人或集体将承担相关的责任。

（16）保持实验室工作区域的干净整洁，不得占用实验室通道，应维护通道的畅通。衣帽、书籍和实验记录本应放在实验室指定的位置，不得随意摆放。

（17）冰箱内的所有样品必须包装好，并标明样品名、放入时间、所属人姓名和联系方式等，必要时要标明样品的危险性，易挥发的溶液和样品要严格密封；标签必须与试剂相符，严禁将用完的原装试剂空瓶不更新标签而装入其他试剂。

（18）实验室操作使用的玻璃容器、器皿和相关器具不得用来盛装食物和饮料，实验室的冰柜、冰箱不得存放食物。

（19）夏季打开易挥发溶剂瓶塞前，应先用冷水冷却，瓶口不要对着人；玻璃管、胶管和胶塞等拆装时，应先用水润湿，手上垫棉布，以免玻璃管折断而扎伤手。

（20）进行有危险性的工作，如危险物料的现场取样、易燃易爆物品的处理、焚烧废液等时，应有第二者陪伴，陪伴者应处于能清楚地看到工作地点的地方并观察操作的全过程。

（21）实验人员必须认真学习操作规程和有关的安全技术规程，了解设备性能和操作中可能发生的事故及其原因，掌握预防和处理事故的方法。

（22）实验室应配备足够数量的安全用具，如沙箱、灭火器、灭火毯、冲洗龙头、洗眼器、护目镜、防护屏和急救药箱等（备创可贴、碘酒、棉签、纱布及急救药，如2%碳酸氢钠溶液、2%硼酸溶液、5%乙酸溶液等）。每位操作人员都应知道这些用具放置的具体位置和使用方法。

（23）消除二次污染源，减少有毒蒸气的逸出及有毒物质的洒落、泼溅。身上或手上沾有有毒物质或易燃物时，应立即清洗干净，不得靠近火源，以防着火。

（24）蒸馏可燃物时，应先通冷却水后再通电。要时刻注意仪器和冷凝器的工作是否正常，如需往蒸馏器内补充液体，应先停止加热，冷却后再进行。

（25）对燃气灯及燃气管道要经常检查是否漏气。如果在实验室闻到燃气的气味，应立即关闭阀门，打开门窗，在燃气散尽之前不得接通任何电器开关以免产生火花。禁止用火焰在燃气管道上寻找漏气的地方，应该用家用洗涤剂水溶液或肥皂水来检查是否漏气。

（26）操作易燃液体时应远离火源。瓶塞打不开时，切忌用火加热或贸然敲打；倾倒易燃液体时，要有防静电措施；加热易燃溶剂必须在水浴或严密的电热板上缓慢进行，严禁用火焰或电炉直接加热。

（27）点燃燃气灯时，必须先打开风门，再开燃气，最后调节风量；停用时要先关闭风门，再关燃气。如果不依次序，就有发生爆炸和火灾的危险。此外，还要防止燃气灯内燃。

（28）使用酒精灯时，灯内酒精（即乙醇）的体积不得超过总容量的2/3，不得低于总容量的1/4。添加酒精时应先灭火；熄灭燃着的灯焰时应用灯帽盖灭，不可用嘴吹灭，以防引起灯内酒精起燃。酒精灯应用火柴点燃，不得以另一正燃着的酒精灯来点燃，以防失火。

（29）切割玻璃管（棒）及将玻璃管、温度计插入橡皮塞时易折断割伤人，应按规程操作垫以厚布。向玻璃管上套橡皮管时，应选择合适直径的橡皮管，玻璃管口先烧圆滑并以自来水或肥皂水润湿。

（30）取用腐蚀性药品，如强酸、强碱、浓氨水、浓过氧化氢、氢氟酸、冰乙酸和溴水等时，应尽可能戴上护目镜和手套，操作完成后立即洗手。如瓶子较大，应一手托住底部，一手拿住瓶颈。

（31）取下沸腾的水或溶液时，需先用烧杯夹夹住摇动后再进行，以防使用时液体突然剧烈沸腾溅出伤人。

（32）实验室水槽禁止排放具有异味、腐蚀性、剧毒等的危害性物质以及有机物。对实验产生的所有废弃物应根据其性质分类处置，或倒入指定废液桶内。

（33）除必要情况外，不准进行隔夜加热反应实验；如有必要，应使用IKA控温搅拌器进行加热，不准使用电热套等其他加热设备。此外，必须检查回流水管，确保其牢固可靠；用完天平后要及时清扫，防止腐蚀性物质损坏天平。

（34）走廊、楼梯和出口等处和消防安全设施前要保持畅通，严禁堆放物品，不得随意移动、损坏和挪用消防器材。

（35）处理腐蚀性或毒性物质时，须使用护目镜及其他保护眼睛和面部的防护用品；在使用或处理能够通过黏膜和皮肤感染的试剂，或有可能发生试剂溅溢的情况时，必须佩戴护目镜、面罩。

（36）个人防护装备：除要求符合实验室工作需要的着装外，工作服应干净、整洁。所有人员在各自实验区内必须穿着遮盖前身的长袖隔离服或长袖长身的工作服；当工作中有危险物喷溅到身上的可能时，应使用一次性塑料围裙或防渗外罩，必要时佩戴手套、护目镜或面罩等。个人防护服装应定期更换以保持清洁。若防护服被危险物品严重污染，则应立即更换，并将其盛放于能防渗的容器内。可能发生液体溅溢的工作岗位，可加套一次性防渗漏鞋套。

（37）不得在电灯、灯座或仪器上进行装饰，以防引起火灾。不得使用破裂或有缺口的玻璃器具。破裂的玻璃器具和玻璃碎片应丢弃在有专门标记的、单独的、不易刺破的容器里统一回收。高热操作玻璃器具时应戴隔热手套。

（38）化学物品都必须附有材料安全数据表，所有危险化学品都须以易于识别的形式进行标记，使专业和非专业人员都能很容易地警觉其潜在的危险性。标记可以是文字、图标、标准化代码或多种形式并存。

（39）易燃易爆液体应放置在合格的容器里储存，分装时应有明确的易燃和可燃性标记，工作储备量控制在最低限度。储存可燃性液体的仓库应远离明火和其他热源。可燃性液体如需要在冰箱内存放，该冰箱的设计必须符合避免产生蒸气燃烧的要求。实验室所有的冰箱门都应标明可否用于存放易燃、可燃性液体。

（40）对有规定预热时间的仪器设备，使用设备的人员必须提前进行预热登记。在仪器设备运行中，实验人员不得离开现场。对需要长时间连续进行的化学实验，必须派两人轮流替换照看。易燃溶剂加热必须在水浴中进行，避免明火。

（41）移动、开启大瓶液体药品时，不能将瓶直接放在水泥地板上，最好用橡胶垫或草垫垫好；如为石膏包封的，用水泡软后打开，严禁锤砸或敲打，以防破裂。

（42）因人为原因造成实验室事故的，要按有关规定对当事人进行纪律处分，并根据情节轻重追究有关人员的经济和法律责任。

（43）每台仪器设备必须按照校准监测/检测规范、使用说明书等制定作业指导书；使用贵重仪器设备时应填写仪器设备使用记录表，其内容应包括：使用时间、开机目的、使用前后及使用过程状况、使用人。凡设备使用记录表记载有错误，或显示的结果有疑问，或通过检定等方法证明仪器设备有缺陷时，应立即停止使用，并对其加以明确停用的标识；如条件允许，将其贮存在规定的地方直至修复。修复的仪器设备必须经校准、检定（验证），证明其功能指标已恢复才能再次使用。

（44）危险化学物品，易燃易爆、剧毒物品自然失效后需要报废。管理人员必须事先提出申请，经主管部门审核、查验、确认可以报废时，由主管领导签字后登记，方可报废。

（45）在使用危险物之前，必须预先考虑发生灾害事故时的防护手段，并做好周密的准备。使用有火灾或爆炸危险的物质时，要准备好防护面具、耐热防护衣及灭火器材等；对于毒性物质，则要准备橡胶手套、防毒面具及防毒衣之类的用具。

第2章 实验室事故案例

案例1

2015年×月，江苏某大学某学院实验室发生爆炸事故，造成五人受伤，一人死亡。

事故起因及提示

一名教师在实验过程中操作不慎引发瓦斯爆炸。

瓦斯的主要成分是甲烷，一定浓度的瓦斯、高温火源和充足的氧气能够引发爆炸。

实验中进行瓦斯操作时需要注意：①保持通风，降低瓦斯浓度；②杜绝非生产需要的火源。

事故分析

瓦斯的主要成分是烷烃，其中绝大多数是甲烷气体，还有少量的乙烷、丙烷和丁烷等其他可燃性气体。此外，瓦斯中还含有微量的硫化氢、二氧化碳、氮、水气和惰性气体等。当空气中瓦斯的浓度达到一定范围（瓦斯爆炸的质量分数界限为5%～16%）之后，遇火能引起爆炸。但瓦斯爆炸的界限并不是固定不变的，它还受温度、压力以及煤尘、其他可燃性气体、惰性气体的混入等因素的影响。

瓦斯浓度（即质量分数）在7%～8%时，最易引爆；当混合气体的压力增大时，引燃温度降低；引燃温度相同时，火源面积越大，点火时间越长，越易引燃瓦斯。实践证明，空气中的氧气浓度降低时，瓦斯爆炸界限随之缩小；当氧气浓度降低到12%以下时，瓦斯混合气体即失去爆炸性。在实验室内，如果发生瓦斯泄漏并有火源存在的情况，要封闭该区域，较少新鲜空气的进入能使氧气浓度不高于12%。

发生瓦斯爆炸时，瞬间产生的高温高压能促使爆炸源附近的气体以极大的速度向外冲击，破坏实验室设备和墙体玻璃，也可能会引起实验室内其他试剂或者可燃性物体参与爆炸或燃烧，甚至造成人员伤亡。另外，爆炸后生成的大量有害气体也会造成人员中毒身亡。

实验室瓦斯使用的安全注意事项如下：

（1）盛放瓦斯的器具应放置在空气流通的场所，因为瓦斯的爆炸界限浓度高于5%，所以保证盛放瓦斯的器具的实验场所空气的流通能使周围的瓦斯浓度低于5%，从而阻止爆炸。

（2）盛放瓦斯的器具应与周围墙壁、实验台面、实验试剂和实验设备等可燃或不可燃设施、材料保持安全距离。

（3）在密闭空间内严禁设置使用瓦斯的器具，若因特殊情况要求使用，需要报备实验室负责人并请有资质的瓦斯服务站或公司协助安装，并现场教学瓦斯器具的使用方法，确保瓦斯实验正常、安全进行。

（4）谨防瓦斯漏气。瓦斯漏气是造成瓦斯爆炸的根本原因，只要做好防漏工作，爆炸就不会发生。

（5）进行瓦斯操作时，要遵守“人离设备止”，使用瓦斯时，设备旁绝不能没有人。

（6）要定期对盛放瓦斯的器具进行检测，看有无漏气，并对器具、设备进行维护和保养，确保其使用安全。

案例2

2015年×月，苏州某大学实验室在处理锂块时发生爆炸，苏州消防调集7辆消防车参与救援。事故中无人员伤亡。

事故起因及提示

一名学生在处理锂块时因操作不当引起爆炸。

金属锂很活泼，须隔绝空气储存于固体石蜡或者白凡士林中。金属锂引发的火灾不能用水或泡沫灭火剂扑灭，应用碳酸钠干粉灭火。

事故分析

锂（Li）、钠（Na）、钾（K）、铷（Rb）、铯（Cs）、钫（Fr）是元素周期表中第IA族的6个金属元素，它们都有一个属于s轨道的最外层电子，化学性质极为活泼，能与水发生剧烈的反应，生成强碱性的氢氧化物。它们在自然界中不以单质的形式存在，只以盐类存在；暴露在空气中会因氧化作用形成氧化物膜而使光泽度下降；碱金属是典型的轻金属，能浮在水上。

锂、钠、钾是活泼的金属，极易氧化变质甚至引起燃烧，又能与水、水溶液或醇溶液等发生反应而产生氢气，是易燃易爆品，对它们的存放要非常小心，保存时绝不能与空气或水接触，因为它们的密度都小（锂密度0.53 g/cm^3，钠密度0.97 g/cm^3，钾密度0.86 g/cm^3），因此，锂只能保存在液状石蜡中或封存在固体石蜡里，而钠、钾应保存在煤油中（煤油密度0.8 g/cm^3）。

若发生碱金属火灾，应用沙子盖住灭火或用碳酸钠灭火器，绝不能使用泡沫灭火器或水，因为碱金属能与泡沫灭火器中的二氧化碳或水发生反应并放热，不利于灭火。

案例3

2015年×月，合肥某大学某学院两位研究生移动硫化氢钢瓶时发生硫化氢泄漏。两人闻到异味后采用碱液中和，离开现场并报告导师。导师随后戴防毒面具进入实验室处理，处理过程中，导师轻微中毒，被立即送医。

事故提示

硫化氢是剧毒物质，低浓度的硫化氢也会引起中毒。

事故分析

硫化氢是一种易燃的酸性无色气体，低浓度时有臭鸡蛋味，浓度极低时有硫黄味，既是剧毒品又是易燃危化品，遇水形成弱酸，闪点小于－50 ℃，燃点为282 ℃，与空气混合能形成爆炸性混合物，遇明火、高热能引起燃烧甚至爆炸。硫化氢主要用于合成荧光粉、光导体和光电曝光计等，也作为有机合成中的还原剂或用于金属精制、农药、医药、催化剂再生等，还用于制造无机硫化物，以及用于化学分析如鉴定金属离子等。

硫化氢能在空气中燃烧，产生蓝色火焰并生成SO_2和H_2O，在空气不足时则生成S和H_2O，是超剧毒物质。低浓度的硫化氢也会对呼吸道和眼睛产生强烈的刺激作用，并引起头痛，浓度过高时甚至会威胁到生命。所以，制备硫化氢必须在通风橱中进行。

在实验室使用硫化氢或制备硫化氢时需要注意以下安全规则：

（1）生成硫化氢的设备应尽量保证密闭性，并设置自动警报装置（不能根据环境中的臭味来判断硫化氢是否泄露或空气中硫化氢的浓度，因为当硫化氢达到一定浓度时会使嗅觉麻痹）。

（2）在进入可能存在硫化氢的密闭场所时，必须先测定该场所空气中的硫化氢浓度，并采取通风等排毒措施，确保安全后方能开始操作。

（3）对有硫化氢产生或使用硫化氢的设备，必须定期进行保养和维护，确保设备的密闭性以及使用的安全性。使用过程中做好个人防护措施，穿戴防护服、防护面罩和护目镜等，每次实验要有2名以上工作人员在现场，确保当一名工作人员出现危险情况时，另外一名工作人员有机会进行施救。

（4）对含有硫化氢的废水、废渣或废气要进行净化处理，在硫化氢等污染物浓度达到排放标准后才可排放。

（5）患有肝炎、肾病和气管炎的工作人员不得从事接触硫化氢的工作。要加强对实验室工作人员关于操作硫化氢的安全知识培训，提高工作人员的自我防护意识。

（6）运输过程中钢瓶必须接地，防止产生静电，要轻装轻卸，防止钢瓶及附件破损；同时，应避免与氧化剂、碱类接触。实际操作之前必须经过专业培训，操作时必须遵守操作规程。

案例 4

2016 年×月，北京某大学某实验室冰箱起火，现场有明火并伴随着黑烟。

事故起因

起火是由于冰箱电线短路引发自燃。

事故分析

实验室内使用的冰箱通常分为机械温控有霜冰箱、机械温控无霜冰箱、电子控温有霜冰箱、电子控温无霜冰箱和防爆冰箱五类。作为存放试剂的储存工具，冰箱处于 24 小时不间断工作状态，因此，对冰箱的管理要格外严格。实验室内普通冰箱的使用年限为 12 年，超过此期限必须做强制报废处理；贮藏化学类试剂、易燃易爆物品的冰箱必须经过防爆改造，没改造并且使用年限超过 10 年的冰箱不得用于贮藏化学类物品。

实验室冰箱安全使用注意事项如下：

（1）冰箱应放置在通风良好处，并要保证有一定的散热空间；冰箱的排水口和散热口等必须保持通畅，箱体四周区域应清洁干净，不得放置纸箱、易燃易爆试剂、实验设备和实验用气体钢瓶等物品。

（2）冰箱内储存的物品应根据其性质及用途等进行分类，必须有相应的标识，并且冰箱外部必须有试剂用品清单；如果有易燃易爆试剂，必须张贴易燃易爆标识。冰箱内物体的摆放必须整齐，并且存放时不得挤得过满，要留有一定的空间。冰箱内严禁存放与实验无关的物品（如食物、盛放食物的器皿等）。

（3）冰箱内存储的物品必须密封保存，并有相应的防泄漏、固定等措施，在物品的外包装上必须注明相关信息，如物品名称、使用规则、注意事项、进入冰箱的时间、物品管理人及其联系方式等。对有剧毒或高致病性的化学试剂或生物制剂等必须严格执行管理方案，采取“专柜专点，双人双锁”的管理制度。

（4）需要进行低温保存的易燃易爆危险品，要使用专门的防爆型冰箱或经过改造的冰箱，不具有防爆性能的冰箱严禁存放易燃易爆危险品。购买及使用冰箱前，必须保证电力负荷能满足冰箱的电源、电压和使用功率等；如不能保证，应及时联系实验室管理负责人或后勤保障部门相关人员等，协调解决相关问题后再进行安装调试。

（5）实验室所有的冰箱应在实验室管理负责人处备案登记，并留有相关的化学试剂备案，由实验室管理负责人指定专人并制定管理冰箱的日常守则。工作人员要定期清洁冰箱并清点冰箱内存放的试剂，记录相关数据，对过期的化学试剂必须及时清理；对非自动除霜冰箱要定期除霜，并定期对冰箱的安全状况进行检查，做好相关记录，确保冰箱良好的工作状况，若发现问题必须及时报备并维修。

案例5

2017年×月，江苏某市某药厂实验室突发火灾，起火部位冒出大量浓烟，窗户被烧坏，墙体出现数条裂纹。

事故起因

当时实验室内正在做新药品研发实验，仪器控温系统突然发生故障无法调节湿度，导致仪器内含80 L乙醇的容器因高温爆裂，乙醇自燃并飞溅而酿成火灾。

事故分析

乙醇在常温状态下是一种易燃易挥发的无色透明液体，毒性低，具有特殊香味并略带刺激性，其蒸气与空气可形成爆炸性混合物，遇明火、高热能引起燃烧甚至爆炸，在与氧化剂接触时会发生化学反应甚至引起燃烧。乙醇的应用领域广泛，可作为有机合成里的溶剂和原料，可用作消毒用品、汽车燃料、清洁用品，还可用于食品行业等。乙醇为低毒性化学试剂，是中枢神经系统抑制剂，对神经系统首先引起兴奋，随后会抑制。急性中毒多发生于口服；长期接触高浓度乙醇会刺激眼、鼻、咽喉、黏膜，出现头痛、头晕、疲乏和恶心等症状；长时间的皮肤接触可能会引起皮肤干燥、脱屑、皲裂和皮炎等。

实验室乙醇安全使用的注意事项如下：

（1）使用酒精灯前检查灯内酒精，应不少于酒精灯容量的1/4，不超过2/3；酒精灯应用火柴或木条点燃，绝不能用点燃的酒精灯去引燃另一酒精灯；酒精灯用完后必须使用灯帽盖上灭火，切不可用嘴吹灭，否则可能将火焰沿灯颈吹入酒精灯内，引发着火或爆炸。要是不慎将酒精灯内的酒精洒出并着火，不要惊慌，应立即使用湿抹布扑灭，绝不能用水灭火。

（2）乙醇的运输必须严格按照国家相关部门发布的《危险货物道路运输规则》（JT/T 617—2018）中危险货物装配运输要求，运输时使用螺纹口玻璃瓶、铁盖压口玻璃瓶、塑料瓶或金属桶（罐）外配普通木箱等；运输时单独装运，要确保容器不泄漏、不倒塌、不坠落和不损坏；严禁与酸类、易燃物、有机物、氧化剂、自燃物品或遇湿易燃物品等同车混运；运输车辆必须配备相应品种和数量的消防器材；运输时车辆应严格控制速度，不得强行超车；装卸前后都需要彻底清扫车辆。

（3）乙醇的包装要求密封，不可与空气接触，要与还原剂、活性金属粉末、酸类及其他常用化学品分开存放，切忌混储；严禁在储藏室内储存大量乙醇。储存区应备有合适的设备和材料以防乙醇泄漏，并做好防火防爆措施；储存室应保持阴凉通风（温度不超过 30 ℃，夏天要有降温措施），避免阳光直射；要远离火种和热源，禁止在储藏室使用极易产生火花的机械设备和工具。

（4）使用酒精灯消毒时必须避开火源和高温设备。不能直接将酒精喷洒在身上，也严禁在喷洒酒精时抽烟；每次使用酒精后必须及时封闭容器，严禁敞开放置；使用酒精必须登记，实验后记录酒精的使用量。

案例 6

2018 年×月，扬州某科技园内一实验室着火，现场浓烟滚滚，火势较大。消防人员及时赶到，火势得到控制，无人员伤亡。

事故起因

事故为干燥箱操作不当致实验室失火。

事故分析

干燥箱（即烘箱）根据干燥物种类的不同可分为电热鼓风干燥箱和真空干燥箱两类，现广泛用于实验室试剂和器皿的干燥。电热鼓风干燥箱利用被加热物体吸收热能后升温，从而使物体快速干燥，在生产上达到缩短生产周期、节约能源、提高产品质量的目的，使用方便，效果显著，是目前一种理想的有广阔前景的干燥设备；电热真空干燥箱采用智能型数字温度调节仪进行温度和真空度的设定、显示与控制，能够保证箱内的温度恒定，工作时保持一定的真空度，特别适用于对热敏性、易分解、易氧化物质和复杂成分物品进行快速高效的干燥处理，对一些成分复杂的物品也能进行快速干燥。

实验室内干燥箱安全使用的注意事项如下：

（1）干燥箱应安放在室内干燥平稳处，应防振动和防腐蚀；电源线不可放在金属器物旁，不可置于润湿环境中，避免橡胶老化导致漏电。

（2）干燥设备周围严禁囤放易燃易爆等低燃点及酸碱腐蚀性、易挥发性物品（如有机溶剂、压缩气体、油、棉纱、布屑和纸张等易燃物品），干燥箱内严禁干燥易燃易爆以及具酸性、挥发性和腐蚀性等的物品。在烘烤物性质不确定的情况下，需要先经过实验室安全负责人或者科研人员确认后才可放进箱内烘烤，严禁自行决定烘烤。

（3）为防止烫伤事故的发生，取放物品时必须佩戴专门的防烫手套等用品。干燥箱在工作时人员不得在旁边进行洗涤、刮漆和喷酒精等工作；干燥箱不工作时不能将其作为储藏室存放工具、零件、器材和挥发物等。

（4）安装干燥箱时，要确保有足够的电容量保障干燥箱的电功率，需要选用足够截面积的电源导线并应有良好的接地线。使用前要检查自动控制装置，指示信号灯是否灵敏有效，电源线路绝缘是否完好可靠。

（5）干燥箱内应保持清洁，其放置的平台不应有其他污染物，放置物品的铁丝网不得生锈，否则会影响干燥玻璃器皿的清洁度和干燥试剂的纯度；干燥箱工作时应当定时从透明玻璃窗口查看干燥情况，以防箱内温度的升降影响干燥效果或发生安全事故。

（6）需要定期检查干燥箱的电路系统是否连接良好，风机运转是否正常，有无异常声音，热风循环系统的通风口是否堵塞，温控是否准确，发热管有无损坏或蒸汽路管有无漏气，线路是否老化。如有上述情况发生，应及时关闭机器进行检查修复。若实验室电力系统突然停电，要及时把干燥箱电源开关和加热开关关闭，防止来电时加热装置自动启动造成严重的后果。

（7）干燥箱须定期检查、维护和保养，要经常检查真空干燥箱油泵的油位是否在规定的范围内，运转时油位以到油标尺中心为准。应经常检查油质的情况，发现油变质应及时更换新油，以确保真空泵工作正常；热鼓风干燥箱的鼓风机轴承应每半年加一次油。

第3章 实验室建筑要求与组成

3.1 实验室建筑规划要求

高校实验室是教学、科研和技术研发的重要基地，在培养大学生创新意识、动手能力、思考和解决问题能力方面起着至关重要的作用。建设一流高校实验室是当务之急，也是国家高等教育与社会经济发展到现阶段的必然要求。如何高效、安全地建设实验室，管理实验室的安全和日常运行是值得认真思考和研究的问题。高校实验室的建设要考虑确保工作安全进行，仪器设备智能地、试剂合理地使用。

高校实验室在建设之前，要根据任务要求，结合地形进行总体设计，并对建筑物内各房间的用途和功能进行分析。化学分析实验室一般应布置在下风方向及下游地段，与其他建筑物保持一定的间距，以保证有良好的通风，并应有绿化隔离；要搞好排污和排风处理，做好环境综合评估和治理。仪器分析实验室一般要求有良好的环境，有防震防噪声要求的实验室要远离震源和噪声源，有屏蔽要求的实验室要远离电磁波干扰源，要求超净的高纯实验室要规划在粉尘少、绿化好的地段。

3.1.1 给水系统要求

实验室的给水系统要与实验室模块相符合，需要合理布置。水管线路应尽量短，避免交叉，各管道应尽量分布在沿墙、柱、管道井、实验室夹墙和通风柜内衬板等部位，不得布置在吸水性强或遇水易分解的物质、贵重和精密仪器设备等处；尽量使用明装暗铺，所有暗装铺设的管道均应在控制阀门处设置检修孔，以方便水管维护和检修。

实验室用水主要从室外给水管网引入进水管道，按不同实验室所需的压力、水质和给水量输送到各实验室用水设备、辅助用水设备、配备的各水龙头和消防设备等，以满足实验过程用水、日常生活用水和消防用水的需要。

给水系统的给水方式可分为直接供水、高位水箱给水、加压泵和水箱给水等方式。实验室用水设备点分散且分布多，多数用水点用水量很低。有的实验室内管道种类较多，工艺和建筑有特殊要求；有的实验室内底层走廊设有管沟。在这些情况下，给水引入管也有从建筑物一端或两端进入室内的。

在建筑工程和工艺有特殊要求时，管道采用暗装，此时，管道应尽可能暗设在地下室、管沟、天棚或公共管廊内。管道暗设能使室内美观整洁，但造价较高，施工安装和运行维护都较困难。已建成使用的实验室如无特殊要求，一般采用明装。另外，室内除生产和生活用水外，还应根据消防要求设置消防给水系统。室内消火栓应布置在经常有人出入和较明显的地方，如门厅、楼梯、走廊等，消火栓和消防管道一般都采用明装。

3.1.2 用电系统要求

一般来说，实验室在规划前，应当考虑不同设备的电容量，确保实验室正式使用以后有足够的供电容量。为了防止后置设备没有足够的供电容量，实验室的供电设计必须在供电容量方面留有余地。

每一实验室内都要分别设置三相交流电源和单相交流电源，并配备单独的总电源控制开关，当实验室无人时要切断室内电源。每一实验台上都要配备一定数量的电源插座，至少要有一个三相插座，和 2 ～4 个单相插座。这些插座应配有开关控制和保险装置，以防发生短路时影响整个实验室的正常供电。插座可设置在实验桌上或桌边，应远离水槽及煤气和氢气等的喷嘴口，并且不影响桌上实验仪器的放置和操作。配合实验桌、通风橱、干燥箱等的布置，应在实验室的四面墙壁适当的位置上安装单相和三相插座，这些插座一般安装在踢脚线以上，以使用方便为原则。

对可能产生腐蚀性气体的实验室，配电导线采用铜芯线较为合适；而其他无腐蚀性气体产生的实验室，可采用铝芯导线。敷线主要以线管暗敷设较为理想，暗敷设不但可以保护导线，而且使室内整洁，不易积尘，检修和维护也更方便。

3.1.3 照明要求

因实验室各房间的用途不同，对照明的要求也不尽相同。要进行精细工作的房间就要求比进行粗糙工作的房间有更高的照明度，须增加少量灯具或增大光源的照明度，即要增加建设投资和相关费用（主要是电费）。

3.1.4 用气要求

气瓶必须存放在阴凉、干燥的房间，严禁明火，远离热源，防暴晒。除不具燃烧性的气体外，其他气体一律不得进入实验楼内。使用中的气瓶要直立、固定放置。气瓶要尽量放置在专门的气瓶室，有条件的要将气瓶放置在具有排风和报警功能的气瓶柜内。气瓶室要注意排风，易发生反应的气体要进行隔离。

3.1.5 通风要求

化学实验过程中，经常会产生各种难闻、有腐蚀性、有毒或易燃易爆气体，这些有害气体如不能及时排出室外，就会造成室内空气污染，影响仪器设备的精度和使用寿命，甚至影响实验人员的健康与生命安全。因此，具备良好的通风条件和废气排除装置是实验室设计中不可缺少的重要组成部分，应保障实验室工作人员享有健康的工作环境。

实验室的通风方式有两种：局部排风和全室通风。局部排风是在有害物质产生后立即就近排出，这种方式能以较少的风量排走大量的有害物质，省能量而且效果好，是改善现有实验室条件的可行方案，也是适应新实验室通风建设的最好方式。当部分实验无局部排风特殊要求，或局部排风满足不了排风要求时，可采用全室通风。

3.2 化学实验室的组成及建设要求

3.2.1 精密仪器室

仪器分析实验室主要配备各种大型精密分析仪器设备，一般采用微型计算机控制，因而对供电电压和频率有一定的要求，要防止电压瞬变、瞬时停电、电压不足等影响仪器运行和仪器精密度的情况发生。仪器室的设置要保证仪器精密度的准度，仪器室的装修要保证防火、防震、防电磁干扰、防噪音、防潮、防腐蚀、防尘、防有害气体侵入等。仪器室室内温度和湿度尽可能保持恒定（温度：18～25 ℃，湿度：60%～70%），对温度和湿度要求严格的仪器室可装双层门窗及大功率空调装置。

大型精密仪器室的供电电压要保持稳定，一般允许电压波动范围为 ±10%，必要时要配备附属设备（如稳压电源等）。为保证 24 小时供电，可采用双电源供电，设备都应有专用地线，接地极电阻小于 4 Ω。

在设计专用的仪器分析室时，应就近配套相应的化学处理室，这在保护仪器和加强管理上是非常必要的。放置仪器的实验台与墙距离 0.5 m，以便于操作与维修。原子吸收分析仪上方设局部排气罩。

3.2.2 气相色谱分析室

气相色谱仪是利用色谱分离技术和检测技术对容易转化为气态而不分解的液态有机化合物及气态样品进行分析，它具有计算机控制系统及数据处理系统，自动化程度高，对有机化合物具有高效的分析能力。气相色谱仪一般由气路系统、进样系统、分离系统（色谱柱系统）、控温检测系统和记录系统组成；所用载气主要有 H_2、N_2、Ar、He、CO_2等。因为要用到高压钢瓶，所以，气相色谱分析室最好设在就近能建钢瓶室（方向朝北）的位置，还须定期检查管线是否泄漏，各气口是否通畅（用肥皂沫滴到接口处检查）。另外，要求局部排风，避免阳光直射在仪器上，避免影响电路系统正常工作的电场及磁场存在。

一般配套设施有：仪器台（应不靠墙以便仪器维修）、万向排气罩、电脑台（一般设置在仪器台旁）、边台、洗涤台、试剂柜等。

3.2.3 液相色谱分析室

液相色谱分析主要是利用物质在液固或不互溶的两种液体之间分配比的差异对混合物进行先分离后鉴定的分析方法，具有高效分离的特点，能对复杂的有机化合物进行分离以制取纯净化合物，能进行定量分析和定性分析，适用于高沸点化合物、难挥发化合物、热不稳定化合物、离子化合物、高聚物等。液相色谱仪的组成主要包括高压输液泵、进样系统、温度控制系统、色谱柱、检测器和信号记录系统等，按工作原理可以分为吸附柱色谱法、分配柱色谱法、离子交换柱色谱法和凝胶柱色谱法等。

分析室要根据需求配置样品处理室，包括洗涤台、试验台、通风柜等设备。实验室要宽敞、整洁，严格控制温度和湿度，并有向外排风的装置，台面使用结实、平整的木质或大片瓷砖。

第4章 实验室及仪器设备管理规范

4.1 化学实验室安全管理制度

（1）实验室严禁烟火，严禁点火取暖，严禁闲杂人员入内。

（2）实验人员要熟悉安全用具，如灭火器、急救箱等的存放位置和使用方法，并定期对其进行维护。

（3）盛装药品的容器应贴上标签，注明相应的名称和级别。

（4）危险药品实行“双人双锁”管理制度，要根据其性能、特点分门别类贮存，专类、专柜保管，并定期检查，以防意外发生。

（5）不得私自将药品带出实验室。

（6）进行危险的实验操作应使用护目眼镜、面罩、手套等防护装备。

（7）刺激性气体或有毒气体的实验必须在通风橱内进行。

（8）严禁在实验室内饮食，或把餐具带进实验室，更不能把实验器皿当作餐具。

（9）实验中所用药品不得随意丢失、遗弃，实验过程中产生的有害气体应按规定处理，以免污染环境、影响健康。

（10）实验完毕后应对实验室做一次系统的检查，检查相关设备和实验试剂，并关好门窗，防火、防盗、防人为破坏。

4.2 化学实验室安全操作规程

（1）实验前应先预习本次实验，掌握基本原理，理清实验操作过程，查清楚所用药品的性质，估计实验可能发生的危险并注意防范。

（2）实验开始前，检查仪器是否完整无损，装置是否正确稳妥；实验过程中，应经常注意观察仪器有无漏气、碎裂，反应是否正常进行等情况。

（3）酒精灯加热时要注意安全。酒精灯须在烧尽且火熄灭后再加入燃料，千万不能在未熄灭时注入燃料；酒精灯必须用灯帽盖灭，不要用嘴吹灭，以防发生意外；禁止用一盏燃着的酒精灯点燃另一盏酒精灯，以防酒精洒出引起燃烧；点燃的火柴用过后应立即熄灭且不得乱扔。

（4）使用易燃易爆试剂时一定要远离火源，例如，使用氢气时要严禁烟火且必须检查氢气的纯度。

（5）要注意用电安全，禁止用湿手或湿物接触电源，实验结束后应及时切断电源。

（6）加热或倾倒液体时勿俯视容器，以防液滴飞溅造成伤害；试管加热时勿将管口对着自己或他人，以免药品喷出伤人。

（7）嗅闻气体应保持一定的距离，慢慢用手把挥发出来的气体少量地扇向自己的鼻腔，切勿俯向容器直接去嗅闻。

（8）具有强烈腐蚀性的溶液（如浓酸、浓碱）在使用时要特别小心，切勿溅到衣服或皮肤上。废酸/废碱应倒入各自的储存缸中，不要相互混合倾倒，以免酸碱中和放出大量的热而发生危险。

（9）取用药品必须用药匙或吸管等专用器具，禁止用手直接拿取。

（10）未经许可或非实验操作要求，绝对不允许任意混合各种药品，以免发生意外事故。

（11）稀释浓酸（特别是浓硫酸）时，应把酸慢慢地注入水中，并用玻璃棒不断搅拌；配制碱溶液时，应向盛有固体碱的杯中缓慢加水并搅拌。

（12）使用玻璃仪器时要按操作规程，轻拿轻放，以免因仪器破损而造成伤害。

（13）使用打孔器或小刀割胶塞或胶管等材料时，要谨慎操作以防割伤。

（14）实验操作完后剩余的药品既不能放回原瓶，也不能随意丢弃，更不能拿出实验室，要放回指定的回收容器内。

（15）学生在进行带电实验，尤其是使用 220 V 电压进行实验时，一旦出现触电、断路、短路的情况，教师应采取正确的抢救方法并检查程序，防止意外事故或连锁事故的发生。能用安全电压（36 V）代替的尽量用安全电压。

（16）在进行力学等实验时，教师应告诫学生注意观察所使用的导轨、配重物品等是否会坠落，防止意外事故的发生。

（17）在进行光学、热学实验时，若使用明火（蜡烛、酒精灯等），实验完成后必须熄灭火源，教师负责做最后的总检查。

（18）实验结束后应整理好桌面，检查所用的仪器设备和相关试剂，把手洗干净后再离开实验室。

4.3 化学仪器室安全管理制度

仪器是开展实验教学的必备物质条件，对此必须切实加强管理，确保实验教学的正常进行。

（1）教学仪器要按照原国家教委颁发的“配备目录”分类、编号、入账，做到账目、卡片、实物三项相符，并定期按照标准进行检查。

（2）应根据各种仪器、标本、模型、药品的不同性质、性能和要求，分科、分类、分柜、定位存放，做到存放整洁、取用方便、用后复原；同时，要做好防尘、防潮、防压、防磁、防腐、避光等工作。

（3）对贵重器材，易燃易爆、剧毒药品，要设置专室专橱，采取“双人双锁”制度加强管理，防止意外发生。

（4）教师演示与学生实验所需的仪器、药品等由科任教师提前一周提出使用计划，填写实验申请，列出清单，交由实验教师做准备。

（5）实验结束后，科任教师按所列仪器、药品进行清点回收，交由实验教师入库，并记录仪器、药品损耗情况。该记录由科任教师统筹，实验教师留存，以备检查。

（6）实验时要爱护仪器，严格按照使用说明书的规定和要求操作。实验完毕，学生要对实验试剂进行清点，对实验设备和实验台进行清理，并由实验教师对仪器和清洁卫生进行检查后填写实验记录，以备检查；仪器、药品等未经实验室负责人批准，一律不得外借，若需外借，要办理外借手续并定期归还，仪器归还时负责人须检查归还仪器是否完好。

（7）平时应该加强仪器保管、保养及维修工作，做到保管与保养相结合，使仪器保持良好状态，以延长使用寿命。

4.4 生物实验室安全管理制度

（1）生物教师是学生进行各类生物实验的指导者和监护者，实验课前，教师必须先进行预演实验以确认实验的成功率和安全性，确保学生的人身安全和设备安全。

（2）教师必须在每次实验课上强调安全注意事项和实验操作程序，如果课上未强调注意事项和操作程序，发生意外事故的责任由教师全部承担；反之，如果是学生违反安全注意事项和操作程序，所发生意外事故的责任则全部由学生承担。

（3）实验室内严禁吸烟或饮食，实验前后必须仔细洗手。

（4）实验前应先检查仪器是否完整无损，装置是否正确稳妥。

（5）实验室的水、电、灯使用完毕，应立即关闭。离开实验室前需要检查水、电源开关以及门窗等是否关好。

（6）实验过程中，如果需要使用刀或剪刀等利刃器械，教师务必教会学生正确使用利刃器械的方法，并告诫学生在使用过程中切勿相互争抢或动作粗鲁，以防被利刃扎伤、划伤。若出现意外，轻则速到医务室进行包扎，重则速到医院进行治疗。

（7）在实验过程中如果需要使用乙醚，教师应严格控制剂量，告诫学生正确的操作方法，并采取良好的通风措施，防止过敏或被麻醉的事故发生。一旦发生意外，教师应立即采取必要的补救措施。必须严格控制乙醚的浓度和数量，并记录乙醚的使用量，以防高浓度乙醚丢失；一旦发生乙醚丢失事故，必须立即追查，避免被吸食造成中毒事故。

（8）在实验室观看各类生物标本时，对易碎、有毒等有碍学生身体健康的标本，教师务必反复强调注意事项，防止意外发生。

（9）演示实验所用器材及药品，必须由任课教师亲自领取和归还，不能由学生代领、代还，防止中途丢失而造成安全事故。

（10）实验课结束之后，教师应嘱咐学生关好窗户，关好总电源，最后由教师锁好大门，确保实验室的安全。

4.5 生物实验室安全操作规程

（1）学生上实验课之前，应先预习本次实验，掌握实验基本原理及操作过程，记录实验所需药品的相关生化性质，预估本次实验可能发生的危险，并在具体实验操作时注意防范。

（2）实验室内的各种化学药品绝对不允许任意混合，以免发生意外事故；绝对不能用手接触药品；绝对不能把鼻孔凑到容器口去闻药品的气味；绝对不能品尝任何药品的味道。

（3）实验后剩余的药品应放回指定的回收容器内。

（4）温度计要轻取轻放，如有破损要立即报告老师，不得用手触摸以免割伤或中毒。温度计内的汞洒落后应尽快收集起来，并用硫黄粉盖在洒落的地方。

（5）取固体药品时可用药匙，块状的可用镊子，用过的药匙、镊子必须马上擦干净。

（6）解剖动物时所用的乙醚很容易挥发，如果吸入过多的乙醚蒸气会头疼、恶心，因而使用乙醚时速度要快，用完之后要立即打开窗户，让空气流通。

4.6 生物仪器室安全管理制度

（1）实验室各项仪器设备要按要求统一分类、编号、入账，建立总账、分类账，总账与分类账要相符，仪器与橱上的目录卡片要相符，做到分类科学、取用方便，并交由负责人管理，定期检查相关设备。

（2）生物实验室危险品必须贮放在专门的危险品室（柜）内，严格执行危险品管理制度，措施到位，责任到人。

（3）教师演示与学生实验所需的仪器、药品等的准备同“4.3 化学仪器室安全管理制度”中之（4）。解剖需要用到的小动物等应根据季节情况于学期初提出计划，由实验教师做准备。

（4）实验结束后仪器、药品的清点回收工作同“4.3 化学仪器室安全管理制度”中之（5）。实验用过的小动物尸体由实验室负责安全的教师一并收集处理。

（5）应定期对仪器、设备进行维修和保养，确保仪器、设备的正常使用。

（6）仪器、器材、试剂的报损和添置应每年向学校设备科报备一次，具体实施方法按学校资产、财务管理制度和国有资产管理办法进行。对非正常损坏、丢失和因失职而造成的仪器损坏事故要按制度进行赔偿。

（7）要使用仪器设备，必须严格按照规定办理使用手续；实验前后要检查仪器设备的情况；如需外借，必须严格办理外借手续，并按照规定按时归还。

（8）加强安全管理，注意防毒、防潮、防火、防盗，保持通风良好、卫生清洁，并定期对实验室进行全面清查，以保证教学活动的正常进行。

4.7 辐射类设备管理规范

（1）辐射类设备操作人员应在培训合格后上岗，培训不合格不得上岗。若在检查中发现操作人员无证违规上岗将严惩。

（2）辐射类设备操作人员要服从安保部安排，定期接受职业健康体检，确保个人身体健康。

（3）辐射类设备操作人员在实验过程中力求迅速，操作力求熟练简便，实验前要预先做模拟或空白试验，有条件的实验室可以几个人共同分担任务。

（4）人体所受辐射剂量的大小与距放射性物质的距离的平方成反比，因此，在操作辐射类设备时可利用各种夹具增大距离，减少被辐射剂量。

（5）实验室内要创造条件设置隔离屏障。隔离屏障的材料分为轻重两种，比重较大的材料如金属铅、铁等对 γ 射线的遮挡性能较好，比重较轻的材料如石蜡、硼砂等对中子的遮挡性能较好；β 射线、X 射线较容易遮挡，一般可用铅玻璃或塑料遮挡。隔离屏蔽可以是全隔离，可以是部分隔离，也可以做成固定的或活动的隔离屏障，可依实验室的需要选择设置。

4.8 加热作业安全操作规程

（1）加热作业包括使用酒精灯、电炉、干燥箱、水浴锅和电吹风等。

（2）使用加热设备必须严格按照操作规程进行。使用期间，操作人员不得擅自离岗，使用完毕应立即断开电源。

（3）加热或产热仪器设备必须放置在阻燃实验台上或地面，其周围不得堆放易燃易爆物品。

（4）禁止用电热设备烘烤溶剂、油品、塑料筐等易燃、可挥发性物品和试剂，加热时可能产生有毒有害气体的实验操作应在通风橱中进行。

（5）取放被加热物品应在断电的情况下进行。

（6）使用恒温水浴锅时，应保持恒温水浴锅内的水量在总体积的 1/3 到 2/3

之间，不要干烧，也不要过满。恒温水浴锅内的水不要溅到电器盒里。

（7）使用后的电吹风需进行自然冷却，严禁阻塞或覆盖其出风口和入风口。

4.9 24小时不断电设备管理规范

（1）24小时不断电设备应放置在通风良好处，周围不得有热源、易燃易爆品和气瓶等，须保证一定的散热空间，并且处于安全操作环境中。

（2）需要24小时不间断供电的仪器设备（如冰箱、冰柜等）必须由单独的供电系统供电，且必须每日检查通电线路是否完好，是否有发烫现象或塑料焦煳味等出现。

（3）不得在实验室内随意增加24小时不间断供电设备。若有需要增加的情况，必须先经过设备处评估后方可操作。设备处必须定期对24小时不断电设备进行电气检查，确保无异常发热、接触不良等现象。

第5章 消防安全

5.1 火灾的基本知识

5.1.1 火灾

对火的利用和控制是人类文明进步的一个重要标志，但使用火的漫长历史过程中充斥着人类与火灾的斗争。火灾是指在时间或空间上失去控制的灾害性燃烧现象，是最经常、最普遍的威胁公众安全和社会发展的主要灾害之一。

火灾通常有一个从小到大逐步发展直至熄灭的过程。根据这一特点，可以将火灾的过程分为四个阶段，即初起阶段、发展阶段、猛烈阶段及熄灭阶段。

火灾发生后，在初起阶段最容易扑救。事实证明，成功扑救的火灾大部分处在初起阶段。

5.1.2 火灾的分类

A类火灾：指固体物质火灾，如木材、干草、煤炭、棉、毛、麻、纸张、塑料（燃烧后有灰烬）等引发的火灾。

B类火灾：指液体或可熔化的固体物质火灾，如煤油、柴油、原油、甲醇、乙醇、沥青、石蜡等引发的火灾。

C类火灾：指气体火灾，如煤气、天然气、甲烷、乙烷、丙烷、氢气等引发的火灾。

D类火灾：指金属火灾，如钾、钠、镁、钛、锆、锂、铝镁合金等引发的火灾。

E类火灾：指带电火灾，是指物体带电燃烧引发的火灾。

F类火灾：指烹饪器具内的烹饪物（如动植物油脂）引发的火灾。

5.1.3 燃烧

燃烧是指可燃物与氧化剂发生作用的放热反应，通常伴有火焰、发光或发烟现象。要使物质发生燃烧，必须具备下列三个条件，即有可燃物、助燃物、着火源，且三要素须未受抑制并达到一定的数量级浓度。燃烧一般分为闪燃、着火、自燃和爆炸。

5.1.4 防火的基本措施

（1）控制可燃物和助燃物，破坏燃烧的基础。
（2）控制和消除着火源，破坏燃烧的激发能源。
（3）控制生产中的工艺参数。
（4）阻止火势蔓延，不使新的燃烧条件形成。

5.1.5 火灾的预防

对待火灾与化学品爆炸事故，总的原则是以预防为主，控制为辅，预防与控制相结合。控制有两层含义：一是指控制事故本身的发展及其规模；二是减少由事故造成的人员伤亡和财产损失。

1. 开展安全教育

安全教育培训是预防火灾事故发生的最好手段，高校应将安全教育培训纳入实验教学工作之中，把安全技术知识编入教材带进课堂，作为实验课的重要组成部分，利用一切宣传手段加强学生的实验室安全概念。可以在高校实验楼楼道显眼处悬挂张贴火灾预防和逃生常识宣传画，在入口处张贴“四个能力建设标准”的宣传板，在楼道大厅的电子屏幕上宣传消防常识及实验室火灾预防和逃生常识，在单位网页上增加消防安全常识栏目，使师生通过上网学习火灾预防和逃生常识。还可组织综合实验楼物业公司的保安员和工作人员进行安全教育培训。

2. 完善消防设施及其维护

消防设施是否完好关系到能不能在关键时刻起到报警、灭火的作用。对于可能引起火灾事故的场所，需要安排专业人员定期巡查，对灭火器材等消防设施定期进行检查和维护，检查灭火器是否在有效期内，并检查特定场所如化学和生物类实验室是否配备消防沙箱、灭火毯等。

3. 应急疏散演练

消防应急疏散演练是火灾预防的关键措施，是人们遇到突发火灾时有效逃生的保命措施。为使演练常态化、检查程序化，需制订综合实验楼消防安全演练时间表，并按照时间表定期监督检查，做到演练有日期，检查有依据。

5.2 常见灭火方法及灭火剂的使用

5.2.1 灭火的基本方法

从起火的三个条件（可燃物、助燃物和着火源）出发，破坏这三因素之一，即只要使这三个因素不同时存在，便可破坏已经形成的燃烧条件，从而迅速扑灭火灾，最大限度地减少火灾造成的损失。根据物质燃烧原理，灭火的基本方法有以下四个。

1. 隔离法

隔离法是将正在燃烧的物体周围的可燃物隔离或移开，中断可燃物质的供给，使燃烧因缺乏可燃物而停止。采取的办法有关闭燃气阀门或者可燃液体的阀门（例如煤气灯），用沙土筑堤阻止可燃液体流向着火点，无可燃物火就能自然熄灭。

2. 窒息法

窒息法是阻止空（氧）气流入燃烧区或用不燃烧物质冲淡燃烧区的空（氧）气，使燃烧物质因无法获得足够的氧气而熄灭。具体方法如下：

（1）用沙土、水泥、湿麻袋或湿棉被等不燃物或难燃物覆盖燃烧物。

（2）喷洒雾状水或使用干粉、泡沫等灭火剂覆盖燃烧物。

（3）用水蒸气、氮气、二氧化碳以及惰性气体或不燃液体（如四氯化碳等）灌注在发生火灾的地方或燃烧物区域内。

3. 冷却法

冷却法是将灭火剂直接喷射到着火物质上，降低燃烧物的温度至燃点之下，使其停止燃烧，或者将灭火剂喷洒在火源周边的物质上，使其不能因为火焰热辐射作用而使着火点周围形成新的着火点，灭火剂在灭火过程中不参与燃烧过程中的任何化学反应。这种方法是灭火的主要方法。一般情况下主要是就地取水灭火，使用消防给水系统的水枪喷射燃烧物体；若无消防栓系统，则可使用盆、桶传水灭火。

4. 抑制法

抑制法是将有抑制作用的灭火剂喷射到燃烧区参与燃烧反应，使燃烧过程中产生的游离基消失，形成稳定分子或低活性的游离基，使链传递中断，燃烧反应终止，从而达到灭火的目的。这种方法使用的灭火剂有干粉、泡沫和卤代烷灭火剂等。

5.2.2 常见灭火剂及其使用

1. 水

水可用于扑救一般固体物质（如木制品、粮草、棉麻、橡胶或纸张等）的火灾，也可用于扑救闪点大于 120 ℃、常温下呈半凝固状的重油火灾，还可用于扑救可燃粉尘、电器设备引起的火灾（切记：未切断电源前不可用水，确定断电后可用湿被子等灭火）等。用水灭火需要注意以下事项：

（1）不能用水扑救遇水能发生化学反应的物质（如金属钠/钾、碳化钙等）引起的火灾，而应用沙土扑救此类火灾。

（2）不能用水扑救密度小于水或难溶于水的易燃液体（如汽油、煤油或柴油等油品）造成的火灾，用水扑救会导致可燃液体浮在液体上层，形成的火焰会飞溅和溢流，使火势扩大，有全表面同时起火的危险。

（3）高温下的化工设备发生火灾不能用水扑灭，因为高温设备遇冷水后骤冷会引发设备变形或爆裂。电气设备引发的火灾在尚未切断电源前不能用水扑灭，因为水能导电，容易造成触电。

（4）有大量的浓硫酸、浓盐酸或浓硝酸的储存场所发生火灾时，不能用水直接扑救，否则会引起酸液发热、飞溅，甚至有爆炸的危险，酸溅落有灼伤人的危险。

2. 干粉灭火剂

干粉灭火剂是以具有灭火效能的无机盐为基料，加入改进其物理性能的添加剂（如防潮剂、防结块剂、流动促进剂等），经粉碎、混合后制成的一种干燥、易于流动的细微粉末，需要借助灭火设备中的压力气体将干粉从容器中以粉雾的形式喷射，通过化学抑制作用扑救火灾。

干粉灭火剂大致可分为三类：① 以碳酸氢钠（钾）为基料的干粉，可用于扑救易燃液体、气体和带电设备的火灾；②以磷酸三铵、磷酸氢二铵和磷酸二氢铵等混合物为基料的干粉，可用于扑救可燃固体、可燃液体、可燃气体及带电设备的火灾；③以氯化钠、氯化钾、氯化钡和碳酸钠等混合物为基料的干粉，可用于扑救轻金属火灾。

在使用干粉灭火器时，要注意周围可燃区域的温度，及时降温，避免复燃。

干粉灭火器内装有钾盐或钠盐粉，并盛装压缩气体，利用压缩气体做动力，将筒内的干粉喷出灭火。干粉灭火器使用简单，最常用的开启方法为压把式，即将灭火器提到距火源适当的位置后先上下颠倒数次（松动筒内的干粉），然后将喷嘴对准燃烧最猛烈处，拔出保险销，压下压把，灭火器便会喷出粉末灭火。

3. 泡沫灭火剂

泡沫灭火剂是一种能够与水混溶，并可通过机械方法或化学反应产生灭火泡沫的灭火剂。大多数泡沫灭火剂是以浓缩液的形式存在的，因而又称为泡沫溶液或泡沫浓缩液。泡沫灭火剂适用于扑救各种油类火灾，木材、纤维、橡胶等固体可燃物火灾，还能有效地扑救可燃液体引发的火灾。根据其化学成分可以分为化学泡沫灭火剂、空气泡沫灭火剂、抗溶性泡沫灭火剂和氟蛋白泡沫灭火剂等。

化学泡沫灭火剂（MP）中 $Al_2(SO_4)_3$ 与 $NaHCO_3$ 反应，水解后能生成大量的二氧化碳气体（不助燃），在发泡剂的作用下形成大量气泡，能覆盖在着火物的表面上隔绝空气而灭火。化学泡沫灭火剂不能用来扑救忌水忌酸的化学物质和电器设备的火灾。

空气泡沫灭火剂（MPE）以一定厚度的空气泡沫覆盖在可燃或易燃液体的表面，阻挡可燃或易燃液体的蒸气进入火焰区，使空气与着火液面隔离，同时也可以防止火焰区的热量进入可燃或易燃液体表面。该灭火剂不宜在高温下使用，因为高温下的气泡会受热膨胀而迅速遭到破坏；也不能用于醇、酮、醚类等有机溶剂的火灾，因为泡沫的水溶液能溶解于乙醇、丙酮和其他有机溶剂中而遭到破坏。

抗溶性泡沫灭火剂（MPK）能产生连续的固体薄膜泡沫层，这层薄膜能有效地防止水溶性有机溶剂吸收泡沫中的水分，使泡沫能持久地覆盖在溶剂液面上，从而起到灭火的作用。这种抗溶性泡沫不仅可以扑救一般液态烃类的火灾，还可以有效地扑救水溶性有机溶剂的火灾。

氟蛋白泡沫灭火剂（MPF）能在油层表面形成无数含有小油滴泡沫的不燃泡沫层，即使泡沫中可燃液体含量高达25%也不会破灭燃烧；而普通空气中的泡沫层汽油含量超过10%时即开始燃烧。因此，该类灭火剂适用于扑救大面积、较高温度下的油类火灾，并适用于液下喷射灭火。

泡沫灭火剂的使用方法与干粉灭火剂相似，封闭喷嘴之后上下颠倒筒体两次，打开开关，药剂便可喷出。

4. 气体灭火剂

气体灭火剂是指卤代烷烃类、二氧化碳以及惰性气体等灭火剂，具有不导电、喷射后不留残余物、不会引起二次破坏等优点，主要是通过夺取燃烧连锁反应中的活性物质（称为短链过程或抑制过程），快速完成这一化学反应过程所需要的时间段，所以能迅速灭火。气体灭火剂常常用来保护价值高且贵重的物品，适用于各种易燃、可燃液体以及可燃气体火灾。二氧化碳还可用于扑救精密仪器仪表、图书档案文件、工艺器皿和一般低压电器设备等的初起火灾。但二氧化碳不宜用来扑救钾、钠、镁、铝等金属及其过氧化物等引起的火灾，因为二氧化碳的喷出降低了周围温度，使空气中的水蒸气凝结成小水珠掉落，上述物质遇水能发生化学反应，释放大量的热和氧气，不仅降低了二氧化碳的冷却作用，而且增加了助燃物，有扩大火势的危险。

使用气体灭火器时，不能直接用手抓住喇叭筒外壁或金属连接管，防止手被冻伤。在室外使用气体灭火器时，应选择在上风方向；在室内窄小空间使用气体灭火剂时，操作者在使用完毕之后应立即离开室内，防止窒息。

5. 消防沙箱

消防沙箱的材质为玻璃纤维（玻璃钢），具有耐酸碱腐蚀的优点；而干燥的沙子可隔绝空气，降低油面温度，对扑灭金属起火、地面流淌火很有效。消防沙箱可保证火灾初起时及时救火，降低安全隐患。

消防沙箱必须放置在醒目的位置，并贴上“消防沙箱”的醒目标识。沙箱内的消防沙要保持干燥，因为有水分的话遇火会飞溅，容易伤人。另外，消防沙还具备吸纳可燃液体的功能，可用于扑灭D类金属火灾（钛、钾、钠、镁、铝镁合金及液态金属类等火灾）和烷基类火灾。

5.2.3 室内消防栓

室内消防栓（即消火栓）是带有阀门接口的室内管网，为工厂、仓库、高层建筑、公共场所及船舶等室内固定消防设施，通常安装在消火栓箱内，一般由消防箱+消防水带+水枪+栓+卡兹等组合而成。减压稳压型消防栓为其中一种，是扑救火灾的重要消防设施之一。

消防栓应放置于走廊或厅堂等公共空间的墙体内，不能对其做任何装饰和改装，要求标有醒目的标识（写明“消火栓”），并保证其开启顺利，不得在其前方设置障碍物影响其开启。（见图5－1）

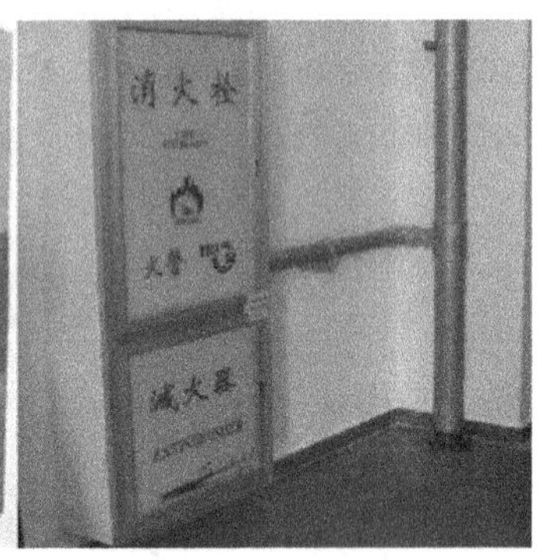

图5－1　消火栓

消防栓的使用方法如下：

（1）打开消火栓门，按下内部启泵报警按钮（按钮是启动消防泵和报警的）。

（2）一人接好枪头和水带奔向起火点，另一人将水带的另一端接在栓头铝阀门口上。

（3）逆时针打开阀门喷出水即可。

注意：电起火要确定电源已切断。

消防栓需要定期检测。一般最上方为消防栓带压力表的试验口，直接启动箱内的启动按钮，压力值在0.15～0.20 MPa才算合格；若没有这个设计，需要在离泵最远最高的水带处看45°喷出的水柱长度，一般实水柱要在10 m以上，低于7 m则需要考虑更换水泵，或加大水压。

对于超高建筑内的室内消防栓设计，需要考虑消防栓与高层建筑楼层间的间距以及水压的大小，以便超高建筑不慎发生火灾时，室内消防人员能及时地在最短距离和最短时间内接上水泵并获得足够量的水。

5.3 火场逃生

发生火灾事故后，应首先救助伤员并立即报警求助；在等待救援力量到达期间，要同时展开人员疏散逃生、重要资料物品的转移工作并组织扑救火灾。对人员进行救助时要注意减少二次伤害并及时送医治疗；报警求助时要注意描述清楚起火点部位、起火物质、人员被困情况及周围易燃易爆物等重要信息，便于救援力量的调度和处置。

火灾会对人体直接造成不同程度的烧伤，燃烧生成的烟或有毒气体会使人窒息，严重时会造成死亡。火灾造成的烧伤分为10个等级。（见表5－1）

表5-1 火灾造成的烧伤等级

等级	情况
1级	器官缺失或功能完全丧失，其他器官不能代替，需特殊医疗依赖及完全护理依赖方可维持生命及基本生活者
2级	器官严重缺损或畸形，有严重的功能障碍或并发症，需特殊医疗依赖和大部分护理依赖者
3级	器官严重缺损或者畸形，有严重的功能障碍或并发症，需特殊的医疗以及护理来维持
4级	器官严重缺损或畸形，有严重的功能障碍或并发症，需特殊医疗依赖，生活可以自理者
5级	器官大部分缺损或明显畸形，有较严重的功能障碍或并发症，需一般医疗依赖，生活能自理者
6级	器官大部分缺损或明显畸形，有中度功能障碍或并发症，需一般医疗依赖，生活能自理者
7级	器官大部分缺损或畸形，有轻度功能障碍或并发症，需一般医疗依赖，生活能自理者
8级	器官部分缺损，形态异常，有轻度功能障碍，需医疗依赖，生活能自理者
9级	器官部分缺损，形态异常，有轻度功能障碍，无须医疗依赖，生活能自理者
10级	器官部分缺损，形态异常，无功能障碍，无须医疗依赖，生活能自理者

5.3.1 及时报火警

听到火警声或发现着火时，应尽快沿着安全出口方向离开，到空旷平台处集合。只有在确认无重大危险发生时才可试图灭火，灭火时要面向火而背向消防通道，必要时及时利用通道撤离。无论何时何处，一旦发现着火要立即报警。

对于初起的火灾扑救，要注意减缓火势蔓延的速度，为确保人员逃生和物资（重要资料和具有爆炸性的物质）转移争取更多的时间；同时，要注意个人防护和安全，切忌在不明火因的情况下对准火苗胡乱泼水。

5.3.2 逃生原则

火场逃生的原则是：安全撤离，救助结合。

1. 安全撤离

火灾发生时，应抓住有利时机，就近就便地利用一切可以利用的地形、设施、器材和工具迅速撤离危险区域。

2. 救助结合

一是自救与互助相结合；二是逃生与抢险相结合；三是救人与救物相结合。无论在什么情况下，救人始终是第一位的，在确保人员安全的前提下才能抢救财物，绝不能因贪图贵重物品而贻误逃生良机。

5.3.3 火场逃生技巧

1. 火场逃生的准备

①广泛宣传、普及火灾逃生知识，增强全民的自我保护意识，让全民掌握火场逃生知识；② 组织消防人员开展逃生技能项目的应用性训练，培养火灾逃生的有力组织者。

2. 熟悉环境

实验室人员应养成对熟悉的环境的结构了如指掌，对陌生的环境及时了解的习惯，只有这样才能做到有备无患，一旦发生火灾就有可能顺利逃出火灾现场，保住性命。

3. 采取防烟措施

无论火场附近有无烟雾，均要采取防烟措施。常用的防烟措施是用干或湿毛巾捂住口鼻，折叠层数越多越好，湿毛巾不能过湿，否则会造成呼吸困难。捂严口鼻时一定要使毛巾过滤烟的面积尽量增大；穿过烟雾区域时即使感到呼吸阻力增大，也不能轻易拿掉毛巾。

4. 疏散

逃离火场时，一定要沉着，冷静，克服慌乱，自我稳定情绪，消除紧张心理；在疏散时要树立“时间就是生命、逃生第一”的思想。逃生要迅速，动作越快越好，切忌由于寻找、搬运某种物品而延误最佳逃生时机；疏散逃生时不得乘坐普通电梯。

5. 利用现场有利条件快速疏散

楼房的下层着火时，不要惊慌失措，应根据现场的不同情况采取正确的自救和疏散措施。

（1）如果楼梯间充满烟雾，应采取低蹲姿势手扶栏杆迅速下楼。

（2）如果楼梯被火封住但未坍塌，则用被水浸过的棉被、毯子等湿物披裹身体从烟火中冲过。

（3）如果楼梯被烧断，通道被堵死，可通过屋顶上的老虎窗、阳台、下水管等处疏散逃生，或在固定物体（如窗框、水管等）上栓绳索或条状连接物缓慢而下。

（4）如果上述措施均行不通，则应退回居室内，关闭火区的门窗并向门窗浇水，用柔软的湿物填堵门窗缝隙以延缓烟火蔓延，并向窗外伸出衣物或抛出小物件发出求救信号或呼喊，设法求救。

（5）衣帽一旦着火，应尽快脱掉，或就地倒下打滚，把身上的火焰压灭，也可用湿麻袋、湿毯子压灭火焰。切记不能奔跑，那样火会越烧越旺，还会把火种带到其他场所，引起新的火点。

高层着火时应冷静处置。任何情况下都不要放弃求生的希望，耐心坚持就可能保护生命安全。

6. 自救禁忌

在火场中，切不可有如下行为：①因舍不得放弃财物而延误撤离时间；②因躲向狭窄的角落而坐以待毙；③因乘坐普通电梯而滞留其中；④因重入火场而引火烧身甚至葬身火中。

5.3.4 物资的安全疏散

疏散火场中的物资应该有组织地进行，目的是最大限度地减少损失并防止火势蔓延和扩大。

（1）疏散可能扩大火势和有爆炸危险的物资。

（2）疏散性质重要、价值昂贵的物资。

（3）疏散影响灭火的物资。

5.3.5 火警电话

火警电话：119。

第6章 实验室危险化学品管理

高校实验室是高等学校开展人才培养、科学研究和社会服务活动的必备场所。高校实验室具有实验设备和试剂齐全、使用率高、实验人员集中且流动性大等特点；同时，实验室化学药品种类繁多、数量大，其中包含大量的易燃易爆物品和剧毒物品等。根据实验的要求不同，部分实验需要在高温或超低温、高压或真空、强磁、微波、辐射、高电压和高转速等特殊环境或条件下进行，部分实验还会排放有毒物质、易燃易爆气体等，因此，高校实验室化学品和危险化学品的安全使用与管理显得尤其重要。

实验室负责人和实验室工作人员在上岗前必须接受规范的培训，必须正确掌握化学试剂的特性以及操作的基本要求，熟悉、了解在化学实验中可能发生的危害，以及在危害发生时应及时采取的恰当的防护措施，防止严重的灾难性后果发生，正确应对实验室紧急事件的发生。

6.1 危险化学品的定义与分类

危险化学品指有毒害、腐蚀、爆炸、燃烧、助燃等性质，对人体、设施、环境具有危害的剧毒化学品和其他化学品。一般情况下，可以把危险化学品分为爆炸品、压缩气体和液化气体、易燃液体、易燃固体、自燃物品、遇湿易燃物品、氧化剂、有机过氧化物、放射性物品、有毒品和腐蚀品十大类。根据实验室的需求不同，危险化学品要分级、分量、专柜专人保管。下面根据危险化学品的类别及其特性分类说明。

1. 爆炸品

爆炸品被列为《国际海运危险货物规则》（国际海事组织发布）中的第Ⅰ类危险品，包括具有整体爆炸危险、具有抛射危险的化学品，也包括无整体爆炸危险但具有燃烧、抛射及较小爆炸危险的物品，或者仅产生光、热、音或雾等一种或几种烟火的物品，比如火药、炸药、烟花爆竹等。这类物质在外界作用下（如受热、受压、受撞击等），能发生剧烈的化学反应，瞬时产生大量的气体和热量，使周围压力急剧上升，发生爆炸，对周围环境造成破坏。举例如下。

苦味酸（三硝基苯酚，TNP、PA）是苯酚的三硝基取代物，也是炸药的一种。纯净TNP室温下为略带黄色的结晶，具有强烈的苦味，难溶于四氯化碳；侵入人体或被人的皮肤吸收会引发接触性皮炎、结膜炎或支气管炎，引起头痛、头晕、恶心、食欲减退、腹泻和发热等症状。该危险化学品必须储藏在非金属容器内，并加水浸没，在阴凉通风处存放；须与有机易燃品、氧化剂等隔离。使用时须佩戴自给式呼吸器、化学安全护目镜、防护服和橡胶手套，作业现场禁止吸烟、进食和饮水，长期接触者要保持良好的卫生习惯，接受就业前培训和定期的身体健康检查。

叠氮钠（NaN_3）是无臭无味无吸湿性的白色六方系晶体，不溶于乙醚，微溶于乙醇，溶于液氮和水（水溶液遇酸放出有毒的NH_3），无可燃性但爆炸性强。叠氮钠可作为照相乳化剂的防腐剂，也可作为医药原料制备四唑类化合物（可用作彩色摄影用药剂），进一步可合成头孢菌素药物，也可用来制作炸药等。叠氮钠的销毁可以用次氯酸钠来进行。

2. 氧化剂及有机氧化剂

有机氧化剂一般是缓和的氧化剂，包括硝基物、亚硝基物、过氧酸以及与无机氧化物形成的复合氧化剂。有机氧化剂的烷基、酰基或芳香基等有机基团中的氢原子被含有—O—O—过氧官能团的有机化合物取代，特征是受热超过一定温度后会分解产生含氧自由基，不稳定，易分解。有机过氧化物中的过氧官能团的结构特征决定了过氧化物的化学性质：氧化作用强烈；易分解，40 ℃以上时大部分过氧化物活性氧降低；酸、碱性物质可促进分解；摩擦、振动或冲击储存器可能造成局部温度升高而促进分解。举例如下。

高锰酸钾（$KMnO_4$）为无臭、黑紫色带蓝色金属光泽、细长的棱状结晶或颗粒，接触易燃材料可能引起火灾，储存时要避免接触的物质包括还原剂、强酸、有机材料、易燃材料、过氧化物、醇类和活性金属。高锰酸钾在化学品生产中广泛用作氧化剂，在医药上用作防腐剂、消毒剂（使用时要用凉开水配制，热水会使其分解失效；配制好的水溶液只能保存2小时，最好是随用随配）、除臭剂以及解毒剂，在水质净化及废水处理中用作水处理剂，还用作防毒面具的吸附剂，木材及铜的着色剂，等等。高锰酸钾有毒并有一定的腐蚀性，吸入会导致呼吸道受损，重者被灼伤；其浓溶液或结晶对皮肤有腐蚀性，接触皮肤后呈棕黑色，对皮肤组织有刺激性。

重铬酸钾（$K_2Cr_2O_7$）室温下为橙红色三斜晶体或针状晶体，又称红矾钾，是一种有毒且致癌性强的强氧化剂（国际癌症研究机构将其划分为第一类致癌物质），在实验室和工业中都有广泛的应用，用于制备铬矾、火柴、铬颜料，并用于鞣革、电镀和有机合成等；储存时须置于通风低温干燥处，轻装轻卸，与有机物、还原剂、硫磷易燃品等分开存放。重铬酸钾被误吸后会刺激呼吸道，引起鼻出血、声音嘶哑、鼻黏膜萎缩，甚至哮喘和紫绀等，重者导致出现化学性肺炎、呼吸困难、休克、肝损害和急性肾功能衰竭等症状。使用时须佩戴自给式呼吸器、防护服和橡胶手套，工作完毕后沐浴更衣，保持良好的卫生习惯。如不慎发生火灾，要用干粉灭火剂、雾状水和沙土等扑灭。

过氧化甲乙酮（MEKP）为无色透明黏性液体，室温下稳定，温度高于100 ℃时即发生爆炸，闪点为50 ℃。常用作不饱和聚酯树脂的常温固化剂，有机合成的引发剂、漂白剂和杀菌剂，在聚酯及丙烯酸系聚合物生产中用作催化剂，强化聚酯玻璃纤维生产中用作硬化剂，是最安全的过氧化物。受摩擦、光照、热、撞击或与还原剂、硫/磷等混合可能发生爆炸，高温可燃，燃烧会产生刺激性烟雾。过氧化甲乙酮须在通风低温处储存，与有机物、还原剂、硫磷易燃物分开存放。长期吸入过氧化甲乙酮会对身体造成损害，使用时必须佩戴好防护面具，长期使用的工作人员和实验室操作人员须定期检查身体，以防严重损害身体。

3. 腐蚀性物品

腐蚀性物品是指对人体、动植物、纤维制品、金属等能造成强烈腐蚀的物品。许多有机腐蚀性物品本身或其蒸气是易燃的，甚至有些腐蚀性物品能引发中毒。按腐蚀性物品的 pH 可分为酸性腐蚀品、碱性腐蚀品和其他腐蚀品。其中，酸性腐蚀品危险较大，能使动物皮肤和金属腐蚀，强酸性腐蚀品甚至能使皮肤立即出现坏死现象。这类物质主要包括各种强酸和遇水能生成强酸的物质，常见的有硝酸、硫酸、盐酸和五氯化磷等。碱性腐蚀品危险性也大，其中强碱性物质易起皂化作用，易腐蚀皮肤，可使动物皮肤很快出现可见坏死现象。这类物质主要包括各种强碱和遇水生成强碱的物质，常见的有氢氧化钠、硫化钠、二乙醇胺和水合肼等。其他腐蚀品主要是指无酸性或无碱性的强腐蚀性物品，常见的有苯酚钠、氟化铬、次氯酸钠和甲醛溶液等。腐蚀性物品在运输过程中储存的容器必须按照物品不同的腐蚀性合理选用，应严格注意安全操作，穿戴防护装备，避免皮肤接触。举例如下。

高浓度过氧化氢溶液是淡蓝色的黏稠液体，有强烈的腐蚀性和强氧化性，低浓度水溶液可用于伤口消毒及环境和食品消毒（一般的食品加工严禁使用过氧化氢），也可用作化学工业生产的原料；一般情况下能缓慢分解成水和氧气，不易久存。吸入该品的高浓度蒸气或雾对呼吸道有强烈的刺激性，如果液体溅入眼睛可能导致眼睛不可逆性损伤甚至引发失明，若误食会出现腹痛、胸口痛、呼吸困难、呕吐、一时性运动和感觉障碍等症状，个别严重病例甚至会出现癫痫样痉挛或轻瘫等症状。若发生火灾，必须全身穿戴防火防毒服，尽可能将容器从火场移至空旷处，喷水冷却容器直至火熄灭。

硝酸是强氧化性、腐蚀性的一元无机强酸，是六大无机强酸之一，也是重要的化工原料，在工业上可作为制作化肥、农药、炸药、染料和盐类等的原料，在有机化学中可与浓硫酸混合作为重要的硝化试剂。浓硝酸不稳定，遇光和热会分解释放出二氧化氮气体，分解出来的二氧化氮气体能溶于硝酸，从而使存放浓硝酸的试剂瓶从外观上看呈浅黄色。与硝酸蒸气接触很危险，它对人的皮肤和黏膜有强刺激性和强腐蚀性作用。浓硝酸的烟雾中含有五氧化二氮气体，遇水或水蒸气能形成酸雾，可迅速分解为二氧化氮气体。浓硝酸加热时产生硝酸蒸气，也可被分解为二氧化氮气体，吸入后可引起急性氮氧化物中毒，会导致腐蚀性口腔炎和肠胃炎，甚至出现休克和急性肾功能衰竭等症状。

4. 易燃品

化学易燃品指闪点小于或等于45 ℃的易燃液体（如乙醚、汽油、甲醇、苯和丙酮等），易燃、容易自燃（如白磷）及遇水燃烧的固体（如硝化棉、赤磷、黄磷、钾、钠和电石等），易燃及助燃气体（如氢气、乙炔气、煤气和氧气等），能爆炸的混合物或引起燃烧的氧化剂（如氯酸钾、氯酸钠、硝酸钾、过氧化钠和硝酸等）。能自燃的物品自燃点低，在空气中或遇水极易发生物理、化学、生物反应，放出热量而自行燃烧。举例如下。

乙醚是无色透明液体，极易挥发，有特殊刺激性气味，略带甜味。乙醚蒸气重于空气，暴露在阳光下能发生氧化，在空气中氧化成过氧化物、醛和乙酸。乙醚与无水硝酸、浓硫酸和浓硝酸的混合物反应会发生猛烈爆炸。根据《危险化学品安全管理条例》《易制毒化学品管理条例》，乙醚受公安部门管制。乙醚须在低温通风阴凉处存放，必须远离火种和热源，与氧化剂、卤素和酸类分开储存，禁止使用易产生火花的工具储存或运输。若不慎发生乙醚起火，应使用抗溶性泡沫、二氧化碳、干粉和沙土灭火；灭火时火场中的容器若变色或安全泄压装置中有声音产生，必须马上撤离。

白磷是白色或浅黄色半透明固体，质软，冷时性脆，见阳光颜色会变深，暴露在空气中会产生绿色磷光和白烟，在湿空气中约30 ℃时着火，在干燥空气中温度高于40 ℃时着火。白磷能直接与卤素、硫和金属发生反应，能与硝酸生成磷酸，与氢氧化钠或氢氧化钾反应生成磷化氢、次磷酸钠或次磷酸钾等。白磷应密闭保存（浸泡在水下，与空气隔绝），提供充分的局部排风，应避免与氯酸钾、高锰酸钾、过氧化物及其他氧化物接触，操作尽可能使用自动化机械，操作人员必须经过专门培训，严格遵守操作规程。使用白磷时要用镊子取放，禁止用手直接拿取，以免灼伤手造成难以愈合的创伤。若要切割大块白磷，必须在水中进行，不能暴露在空气中，否则切割时产生的摩擦热量会导致白磷燃烧。

5. 压缩和液化气体

压缩气体是指 -50 ℃下加压时完全是气态的气体，包括临界温度低于或等于 -50 ℃的气体；高压液化气体是指温度高于 -50 ℃下加压成为液态的气体，包括临界温度在 -50 ℃和65 ℃之间的高压液化气体和临界温度高于65 ℃的低压液化气体；冷冻液化气体是指在运输过程中由于温度低而部分呈液态的气体，该类气体的临界温度一般低于或者等于 -50 ℃。

上述气体都应盛在密闭的容器内，如果受高压、日晒，气体极易膨胀而产生很大的压力，当压力超过容器的耐压强度时就会造成爆炸事故。储存该类气体的槽罐（钢瓶）上必须装有压力表和温度表，便于在运输过程中的检控；钢瓶入库时需要注意外包装无明显破损，证明材料等附件齐全。仓库内照明采用防爆照明灯，库内不得堆放其他任何可燃性物品。钢瓶的使用必须按照国家规定定期进行技术检验。若在使用过程中发现有严重泄漏或腐蚀损伤现象，必须停止使用，并立刻进行安全检查。

6. 有毒化学品

有毒化学品是指进入环境后，通过环境积蓄、生物积蓄、生物转化和化学反应等方式对生物体产生化学作用，从而对人类或动物造成暂时性失能或永久性伤害，甚至造成死亡，对环境具有严重危害和潜在危险的化学品。有毒化学品是有机化学实验中接触到的化学药品，少数是剧毒药品，使用时必须十分小心，长期接触或接触过多会引发急性或慢性中毒。有毒化学品按照对身体的损害类型可分为影响全身的毒素、窒息剂和刺激剂，按照毒物的形态可以分为颗粒状物体或液体。正常人中毒程度与毒物剂量的大小、持续暴露的时间、毒物是否有积累性、毒物进入身体的途径、吸收率、温度、受影响人的身体状况等有关。

在实验室中，研究人员上岗前必须针对有毒化学品的相关知识进行系统培训，要对有毒化学品泄漏及其扩散规律进行了解和简要分析，根据其特点，从事故发生后的救援角度明确普通人和消防人员在有毒化学品泄漏事故的救援过程中所承担的不同任务；对于有毒化学品的泄漏及排放情况，待对组分进行分析后，可选用物理化学处理法、化学处理法或生物处理法作为污染控制技术，防止有毒物品大量泄漏对环境和人员安全造成影响。举例如下。

溴在常温常压下是具有挥发性的红黑色液体，活性介于氯和碘之间；溴蒸气具有强腐蚀性，并且有强毒性，在室温下呈液态，在空气中迅速挥发，有刺激性气味，其烟雾能强烈地刺激眼睛和呼吸道。溴及其化合物可被用来作为阻燃剂、净水剂、杀虫剂和燃料等，常用于消毒的药剂红药水中含有溴和少量汞，在照相技术中担任感光剂的是溴、碘和银的化合物。若溴发生泄漏，人员必须立刻撤离泄漏污染区至安全区，并立即建立起隔离区域；泄漏规模较小时，隔离距离为150 m；泄漏规模较大时，隔离区域为300 m，并严格限制人员出入。不可直接接触泄漏源，同时，应防止溴进入下水道、排洪沟等限制性空间。

7. 放射性物品

放射性物品是指活度高于国家规定的豁免值（《放射性物质安全运输管理》GB 11806—2004）并含有放射性核素的物品。这些物品中含有一定量的天然或人工的放射性元素，能够不断自发地释放出肉眼看不见的中子流和X、γ、β、α射线（前三种射线由放射性同位素的核衰变释放）等。放射性物品因其所具备的放射性能力而有重要的价值，能广泛地应用于工业、农业和医疗卫生等行业；但是，如果生命体接受到过度的射线照射，会引发放射性疾病，甚至导致死亡。部分化学品会因为受到放射性元素中射线的影响发生变质。

放射性物品按照其特性和危害程度可以分为三类：一类放射性物品是指Ⅰ类放射源和高水平放射性废物、乏燃料①等释放到环境后对人体健康和环境造成重

① 乏燃料又称辐照核燃料。

大辐射影响的物品；二类放射性物品是指Ⅱ类和Ⅲ类放射源和中等水平放射性废物等释放到环境后对人体健康和环境造成一般性辐射影响的物品；三类放射性物品是指Ⅳ类和Ⅴ类放射源和低水平放射性废物等释放到环境后对人体健康和环境造成较小辐射影响的物品。

放射性物品要根据《中华人民共和国放射性污染防治法》《放射性同位素与射线装置安全和防护条例》《放射性物品运输安全管理条例》等进行管理。外辐射的防护方法主要是减少接触时间，远离放射源，采用不同屏蔽材料防护；被内照射是指大量的射线从受体通过，其防护方法主要是防止放射性物品通过消化系统、呼吸系统和皮肤系统进入体内。

6.2 危险化学品的购买及接收

（1）依据实验需求及库存情况，实验人员做出详细的购买计划单，经实验室相关负责人批准后，交送采购人员采购。

（2）采购人员按照拟定的采购计划到指定的具有资质的化学试剂供应商处订购，并做好运输过程中的防护。

（3）采购人员在验收化学试剂时要注意，实际收到的化学试剂需要经过实验人员、采购人员及试剂保管员三方共同核实是否与采购清单一致，并检查化学试剂是否包装完好，封口严密，标签清晰，文字完整、易于辨认等基本情况；所有化学试剂进入实验室仓库之前，相关人员必须核对化学试剂的质量、体积、数量并做好相关记录；化学试剂验收完成后必须由采购人员、实验人员及试剂保管员共同签字，方可入库；在入库等作业过程中必须正确佩戴相应的防护用品。

（4）危险化学品采取专柜、专库定向管理，危险化学品试剂柜采用“双锁双人”管理模式，谨防意外发生。

6.3 危险化学品的管理

（1）危险化学品管理的基本原则是：登记注册是危险化学品安全管理的最重要环节，安全教育是危险化学品安全管理的重要组成部分，对实验室管理员必须定期进行关于危险化学品方面的培训。

（2）危险化学品使用者必须填写危险化学品使用单，包括品名、使用数量、用途、完善使用后的处理方式等并存档。

（3）在取用危险化学品时，使用人员先向试剂保管员申请，并填写危险化学品使用申请单，保管员在核对使用单后与试剂采购人员两人开锁，取出试剂交给使用者。

（4）使用者领取危险化学品后要检查包装情况，包括封口的严密性、标签的清晰程度等，并记录使用情况。

（5）使用完毕后，使用者必须详细记录使用数量，未用完的试剂交由保管员处理。

（6）保管员如实填写出入库使用记录。

6.4 危险化学品的存放

（1）储存有危险化学品的建筑物、区域或房间都应该有相应的标识；不同的化学品之间要有一定的区分度，需要用隔板或墙将不能放在一起的物品分开储存，将不同化学性质的物品按照化学品的品级、禁忌和要求分开或集中隔离。储存危险化学品的房间层数、占地面积、安全疏散通道和防火间距应符合国家相关规定，储存间须具备良好的通风排风装置及必要的避雷设施。

（2）危险化学品储存区的区域或房间内应配有相应的配电线路、照明设备、危险化学品等级、危险品注意事项和标志、防火设备标志和安全通道疏散指示标志，房内电器设备和照明设备等设施必须符合实验室防火防爆要求，所有的电线线路须穿管铺设，不能私拉电线和拉接临时线。

（3）储存危险化学品的库房或房间的消防安全、卫生设施要根据危险化学品的危险性设置相应的防火、防爆、通风、温度调节、防潮和防雨等设施和器材，并由专人管理，定期对其进行检查和维护，保证设施、器材的可用性，检查和维护完毕后在相应的表格上正确做好记录。

（4）存放危险化学品的位置要远离热源、火源和电源，并且避免日光直射。任何物品转移到另一容器后必须贴上标签；若发现异常应及时检查验证，切不可在不明确物体性质的情况下盲目使用。

（5）易挥发化学品要远离热源、火源并于通风阴凉处避光保存，这类化学品多属一级易燃、有毒液体，最好保存在防爆冰箱内；易燃易爆等甲、乙类危险化学品必须储存在试剂柜或防爆柜中，专柜储存且必须上锁，由专人管理。

（6）腐蚀性液体应放在防腐蚀试剂柜的下层，或下垫防腐蚀托盘，置于普通试剂柜的下层。

（7）有毒气体或有烟雾产生的化学品应存放在带通风装置的药品柜中，操作应在通风橱中进行。

（8）剧毒化学品应存放在张贴剧毒标识的专用剧毒化学品柜中，根据剧毒化学品的理化性质选择合适的储存环境（温度、湿度符合要求），实行“双人收发、双人运输、双人使用、双人双锁保管、双人记账”的“五双”制度；每次领用应详细记录领用日期、领用人员及领用量，并由两位保管员签字确认。使用剧毒化学品的操作人员必须经过专业培训。

（9）致癌药品试剂瓶上必须有明显的致癌标志，储存柜上锁，双人保管，并做好相关使用记录。

（10）其他注意事项：实验室中，氧化剂与还原剂和有机物不能混放，强酸与强氧化剂的盐不能混放；对危险品要做到严格密封保存，防止挥发和变质引起事故；盛装易燃试剂的玻璃瓶不要装满，不可超过容器的2/3。

6.5 危险化学品的使用

（1）实验室管理人员和实验室操作人员上岗前必须熟悉各种化学试剂的名称、性质、保管方法和使用方法，掌握试剂在不同实验过程中的操作顺序和方法，并熟悉实验室内各种操作设备、仪表和检测设备的性能和操作方法；在实验操作过程中，应按照实验项目，严格控制实验时间、实验温度和反应剂量，确保反应安全正确地进行，防止事故的发生。

（2）各种易燃易爆、剧毒和腐蚀性的试剂存量不应过多，应按实验室实验所要求的用量按计划购买，试剂存放量最多不超过一周的使用量。使用部门或实验室操作人员要做好试剂领用登记记录，严格遵守相应的试剂管理规章制度，试剂库房和实验室负责人要留有试剂相关的详细出入库使用记录；领用剧毒性或腐蚀性试剂要经过实验室负责人审批，填写试剂领取凭证和完整的领取、使用记录表；对危险化学品库房的检查每天至少一次，对性质不稳定、易分解变质的危险化学品要由专人定期测温、化验并做好相关记录。

（3）实验室需要建立单独的储存空间，把不常用的化学试剂集中起来统一管理，这样可以有效保证实验室内化学试剂的安全存放，保证实验室安全，方便试剂取用的管理。对危险化学品存量较多的实验室，应建立单独的临时库房集中管理，确保有足够的空间进行检测，以防事故的发生。

（4）使用危险化学试剂时，应穿戴相应的防护物品，如护目镜、防护服和防护手套，不许穿露脚趾和踝关节的鞋子以及暴露皮肤的衣服，避免不慎洒落或碰翻危险化学试剂时沾到身上。对使用危险化学品时可能发生的中毒、着火或爆炸等意外事故要有相应的应急预案。实验室须配备诸如苏打水、稀硼酸水和清水一类的救护物品和药水，人体一旦接触到危险化学试剂，接触的部位要立即用清水冲洗，并根据伤情决定是否送医。

酸沾染皮肤处理：若皮肤不慎沾上浓硫酸，先用抹布擦去，然后立即用大量冷水冲洗，再涂上3%～5%的碳酸氢钠溶液，以防灼伤皮肤。若情况危急，做相应处理后应当立即送医就诊。

碱沾染皮肤处理：若不慎将碱液沾到皮肤上，应该立即用大量水冲洗，再涂上硼酸或者醋即可；若不慎沾染在衣服上，应用洗衣粉清洗。

（5）实验操作完毕后，应将化学试剂收好，整理好工作台面和地面，并擦拭干净，防止残留液体和固体等引发事故；用剩、过期、无标签的危险化学品不能随意倾倒、掩埋，应集中妥善保管；实验室产生的废弃化学试剂及有毒有害的液体不可倒入下水道内，应集中用废液桶收集回收处理，以免对环境产生危害；剧毒溶液须单独回收。

6.6 压力气瓶的使用和管理

（1）压力气瓶应直立放置，并应加装固定环以便使用时固定。实验场所内易燃气体气瓶的存放数量不得超过2瓶。

（2）压力气瓶应储存在阴凉通风处的防火仓库，要远离热源，避免暴晒和强烈振动，放置时须平稳，避免振动，运输时更不允许在地面上滚动。

（3）压力气瓶肩部的标签必须保证下述信息完整：制造厂、制造日期、气瓶型号、工作压力、气压实验压力、气压实验日期及下次送验日期、气体容积和气瓶质量等。如上述信息不完整，严禁购买和使用。

（4）压力气瓶安全附件（如气瓶瓶帽、防震圈等）必须配置齐全，并保证瓶体和瓶阀的清洁，不准沾有油污等易燃品。

（5）压力气瓶瓶体有缺陷、安全附件不全或已损坏而不能保证安全使用的，必须送相关单位检查合格后方可使用。

（6）气瓶应在固定区域放置，不得随意挪动；必须挪动时应用特制的担架或小推车，也可以用手平抬或垂直转动，但绝不允许手执开关阀移动。

（7）充装有互相接触后可引起燃烧、爆炸的气体的气瓶（如氢气瓶和氧气瓶），不能同车搬运或同存一处，也不能与其他易燃易爆物品混合存放。

（8）氧气瓶一定要防止与油类接触，并避免让其他可燃性气体混入；禁止用储存其他可燃性气体的气瓶充灌氧气。

6.7 危险化学品的销毁

（1）凡超过有效期或使用日期的危险化学品必须走销毁程序，有效期/使用日期以试剂生产厂家提供的信息为准。

（2）因某种原因致使其理化性质发生改变的危险化学品应销毁。

（3）无使用价值的危险化学品的包装材料严禁擅自丢弃，须交由保管员按有关规定统一管理，统一销毁。

（4）危险化学品的销毁由危险化学品保管员负责提出书面销毁申请，报实验室负责人审核批准。申请书的内容应包括：试剂名称、规格、数量、购进日期、销毁原因、销毁方法、安全措施等。危险化学品的销毁必须严格记录，内容除上述销毁申请记录外，还应另备危险化学品报废记录单，并注明销毁执行人、监督执行人、销毁日期，记录必须清楚完整，最后交由实验室负责人归档保存。

6.8 实验室危险化学品管理评分细则

实验室危险化学品管理评分细则见表6－1。

表6-1 实验室危险化学品管理评分细则

序号	评分项目	要求
1	卫生情况	摆放整齐，干净清洁； 无灰尘，无杂物
2	物品存放	隔离存放，方法正确； 避热、火、电等； 防“漏、滴、跑、冒”等； 有明显标识
3	安全设施	通风、避光，有降温设备； 有消防设施； 用电设备无安全隐患； 张贴实验室规章制度
4	试剂使用管理	有定期检查记录； 有物品往来登记； 账、物、卡三点合一
5	权责分工	明确实验室负责人、工作人员、科任教师的职责； 相关人员有上岗培训记录； 有相应的行业资格许可证； 有实验室集体培训和实验课观摩登记

第7章 实验设备与危险反应安全防护

7.1 仪器设备的安全用电措施

（1）实验室内电气设备的安装和使用必须符合安全用电规定。大功率设备用电必须使用专线，严禁共用，谨防因超负荷用电而着火。

（2）保险丝要与设备用电量相符，安全通电量应大于用电功率。不可乱拉乱接电线和超负荷使用，以免引起电器火灾。

（3）对用电线路，配电盘、板、箱、柜等装置和线路系统中的各种开关、插座、插头等均应定期检查并维护；熔断装置内的熔丝必须与线路容量相匹配，严禁用其他导线替代。

（4）实验室内可能会散布易燃易爆气体或粉末，所以电器线路和用电装置均应按规定使用防爆电气线路和防爆装置。

（5）实验室内可能产生静电的部位、装置要有明显的标识和警示，对其可能造成的危害要有妥善的预防措施。

（6）对高压、高频设备和相关防护设施要定期检修，保证设备接地以策安全，并定期检查、测量接地电阻，线路接点必须牢固，电路元件两端接头不可互相接触以防短路。

（7）在实验室内不得使用明火取暖，不得抽烟；必须用火的情况须经批准，有两人以上在场才能使用。

（8）电源裸露部分要有绝缘装置，所有电器金属外壳都必须接地保护。

（9）使用电器仪表前应先了解电器仪表要求的使用电源（交流电或直流电，三相电或单相电）及电压的大小（380V、220V、110V 或 6V），直流电器仪表的正、负极，检查电器功率是否符合要求。

（10）实验时先连接好电路再接通电源，实验结束后先切断电源再拆电路。

（11）电器仪表或电动机在使用过程中如有不正常声响、局部升温或有焦味，应立即切断电源检查，确保无误后再操作。

（12）手上有水或潮湿时不可接触电器设备。若发生触电事件，应迅速切断电源，用绝缘体将电线移开，帮助患者恢复呼吸并立即送医治疗。

（13）电器设备或线路发生故障着火时，应立即切断电源，疏散人员，并用沙子、二氧化碳或四氯化碳灭火，禁止用水或泡沫灭火器等灭火。当火无法扑灭时，应立即拨打“119”火警电话。

7.2 高压容器的安全防护

（1）高压储气钢瓶和一般受压的玻璃容器使用不当会导致爆炸，使用前须掌握压力容器方面的基本常识和操作规程，了解使用气体钢瓶相关的注意事项；人员未经培训不得使用。

（2）使用设备前要确保有充足有效的防护措施，比如安装防护板或防护墙，戴护目镜、防护面具和防护手套等，使用压力容器时建议在防护措施充分的专用高压室内进行。

（3）使用高压容器前应先了解实验中各物质的物理化学性质，掌握它们之间可能发生的物理化学反应，以便发生意外时能做出准确的判断和处理。

（4）使用高压容器时要严格遵守安全操作规程，掌握操作方法、顺序及排除一般故障的技能，并认真如实地填写操作运行记录。

（5）高压气瓶必须固定直立放置，并分类保管，存放在阴凉干燥、远离热源的地方，避免暴晒及强烈振动；氧气瓶、可燃性气体气瓶与明火的距离不小于 10 m。此类设备须安装单向阀或回火阀并配备专用工具。操作人员不能穿戴沾有各种油脂或易产生静电的服装、手套操作，以免引起燃烧或爆炸。

（6）高压气瓶上选用合适量程的专用减压阀，不得随意改装；气压表不得混用，并在使用前检查是否漏气。开、关减压器和开关阀时动作必须缓慢，使用时先开开关阀，后开减压器，用完后先关开关阀放尽余气，再关减压器，切不可只关减压器，不关气瓶的开关阀。

（7）搬运气瓶时应确保其密闭性良好，搬运时要轻、稳，放置时要牢靠，不得使用电磁铁、吊链、绳子等，最好以手直立移动容器，不可放倒滚运，可使用手推车但务求安稳直立。

（8）使用过程中如发现泄漏现象要先停止工作，然后再拆卸螺栓或压盖等；发现减压器和配套压力表有损坏或异常现象时，应立即联系专业人员修理。

（9）开启气门时不准将头或身体对准气瓶总阀，以防阀门或气压表冲出伤人。废气瓶按规定保留 0.05 MPa 以上的残余压力，以防重新充气时气体倒灌，可燃性气体剩余压力为 0.2 MPa ～0.3 MPa，氢气应保留 2 MPa 的压力。

（10）每月定期检查管路是否漏气和压力表运行情况，加强对设备的定期维护。

7.3 辐射源仪器的安全防护

实验室辐射主要是指 X 射线，长期接受 X 射线照射会导致疲倦、记忆力减退、头痛和白细胞降低等症状。操作时需要屏蔽和缩时，屏蔽物常用铅板、铅玻璃等。

7.4 高温作业的安全防护

（1）高温实验时必须戴防高温手套，不可徒手拿烘箱内的干燥物品等。

（2）取放加热物品时应用夹子，避免手直接接触。

（3）水或油浴锅加入的水或油不可超过锅体积的2/3，注意水位或油位并及时补充。

（4）控温仪的温度探头应在油浴液面以下，变压器的电压应保证在相应的电压值，以确保安全。对长时间的加热反应，变压器与油浴锅应该相匹配，小功率变压器满载运行有起火危险。

（5）控温在180～230 ℃，建议更换新的甲基硅油，旧油有可能因混入杂质而自燃；温度超过230 ℃的反应只能使用电热套或沙浴进行。有大量固体析出的反应须使用机械搅拌，以免因磁力搅拌不均而受热不良发生爆沸，甚至发生冲料现象。

（6）高温反应的操作台面要保持整洁。要准备好灭火毯，随时注意可能发生的危险。操作期间不得擅自离岗。

7.5 化学试剂的安全防护

（1）禁止口尝鉴定试剂和未知物。

（2）禁止在实验室吃食物、喝饮料以及用化学容器充当餐具。

（3）不容许直接用鼻子嗅气味，应以手扇出少量气体来嗅。

（4）危险化学品必须根据其危险性与物性分类贮存在专用仓库，不能混存，如强氧化剂要与易燃物隔离，易爆物要与易被氧化物隔离，剧毒类药品要与酸类试剂隔离并锁在专门的毒品柜中等。

（5）实验室发生中毒事件时必须采取紧急措施，将中毒者送医救治。①如为呼吸系统中毒，要首先将中毒者转移到通风良好的地方呼吸新鲜空气；若发生休克，要给中毒者吸入氧气或者进行人工呼吸并立即送医救治。②如为消化道中毒，应立即（或送医院）使用洗胃液（食盐水、肥皂水、3%～5%的碳酸氢钠溶液等），边洗边催吐，直到中毒者吐清毒物，再服用生鸡蛋清、牛奶、面汤等解毒。③皮肤、眼、鼻、咽喉等处受侵害时，应立即用大量的清水冲洗（沾到浓硫酸时先用干布擦干），具体措施见“10.3 常见事故的处理方法”之“5. 实验室其他事故的急救知识”中的化学灼伤处理。

（6）化学品大多有不同程度的毒性，可通过呼吸道、消化道和皮肤进入人体而发生中毒现象。使用有毒化学品时应注意：① 实验前了解所用药品的毒性、性能和防护措施；②取用有毒药品时戴上橡皮手套和防护眼镜，禁止戴隐形眼镜；③ 使用有毒气体（如 H_2S、Cl_2、Br_2、NO_2、HCl、HF）时应在通风橱中操作，苯、四氯化碳、乙醚和硝基苯等蒸气久吸会减弱嗅觉，必须高度警惕；④剧毒药品如汞盐、镉盐和铅盐等应妥善保管，领取时要登记；⑤要规范实验操作，提前预习实验方案，离开实验室要洗手并妥善处理实验废液。

7.6 危险反应的安全防护

（1）实验前预习了解实验所用药品的性能、危害及注意事项，熟悉安全用具如灭火器、沙桶和急救箱等的放置地点和使用方法，禁止挪动安全用具及急救药品的存放位置。

（2）危险性实验必须经批准并有两人以上在场方可进行。严禁在节假日和夜间做实验。

（3）危险性实验操作应加置防护屏或戴护目镜、面罩和手套等防护设备，产生毒性蒸气的操作必须在通风橱中进行，并有良好的排风通道。

（4）检查仪器的线路是否完好，装置是否正确稳妥，蒸馏、回流和加热用仪器是否与大气接通或安装尾气收集气球。

（5）易燃、易挥发物品应在密闭容器中加热；进行放射性、激光等对人体危害较大的实验，应制定严格的安全措施，做好个人防护。

（6）使用易燃易爆气体进行实验时，应保持室内空气畅通，禁明火，禁火星的发生，避免由于敲打、摩擦或电器开关等所产生的火花。

（7）常压操作时，全套装置应有一定的地方通大气，切勿造成密闭体系；减压蒸馏要用圆底烧瓶或吸滤瓶作接收器，不可用锥形瓶，以防炸裂；加压操作（如高压釜、封管等）要有一定的防护措施，注意选用封管的玻璃厚度是否适当、管壁是否均匀，并应注意釜内压力变化是否超过安全负荷。

（8）开启贮有挥发性液体的瓶塞前必须先充分冷却，开启时瓶口必须指向无人处，以免液体喷溅而致伤人。如瓶塞不易开启，必须注意瓶内贮物的性质，切不可贸然用火加热或乱敲瓶塞等。

（9）实验完毕要洗手消毒（注意不能用热水洗手，防止热水致皮肤上的毛孔张开而使毒物渗入），有毒废液要收集在指定容器内。一旦发生中毒，一定要沉着冷静，尽快拨打“120”急救电话，同时根据具体情况采取相应的应急措施。

第8章　微生物实验室安全管理

微生物是一切难以用肉眼观察到的微小生物的统称，包括细菌、病毒、真菌和少数藻类；有极少数的微生物是肉眼可见的，如真菌的蘑菇、灵芝等。微生物根据生存环境的不同，可以分为空间微生物和海洋微生物；而根据细胞结构的不同，可分为原核生物和真核生物。

8.1 微生物危害等级

在进行与微生物有关的工作时，应将所有微生物都当作潜在的病原体，在实验和应用的过程中，需要使用一定的技术把微生物对教师、学生和环境的危害降至最低，同时也保持实验室菌株的纯度。微生物对个体和群体的危害程度可以分为以下四级：

危险等级Ⅰ（低个体危害、低群体危害）。

危险等级Ⅱ（中等个体危害、有限群体危害）。

危险等级Ⅲ（高个体危害、有限群体危害）。

危险等级Ⅳ（高个体危害、高群体危害）。

学校实验室只允许处理危害等级Ⅰ的微生物。危害等级Ⅰ的微生物种类繁多，目前尚未有明确的危害等级Ⅰ的微生物目录。使用简单的生活在土壤中的微生物，如固氮菌属、生产醋的醋酸杆菌、酿酒的酵母菌、大肠杆菌（K12）、表皮葡萄球菌、藤黄八叠球菌（藤黄微球菌）、枯草芽孢杆菌、红色毛癣菌和荧光假单胞菌等在学校实验室中进行教学工作相对来说是较为安全的；但对于应用免疫抑制剂和易免疫受损的人群来说，部分被认为对人类和动物正常无危害的菌群仍然可能对其造成危害。许多寄生虫或微生物在感染阶段被认定为危险等级Ⅱ，而大多数的植物致病源被认为是危险等级Ⅰ，但具体的操作仍需要依照转基因生物监管部门的规章制度对其进行遗传加工和处理。

8.2 微生物实验室操作规范

（1）在微生物实验室内必须穿戴工作服或罩衫等防护服，相关准备应在指定的防护衣物和装备储存区域进行；长发应该束起。禁止在实验室工作区饮食、吸烟、处理隐形眼镜、化妆及储存食物。禁止将无关动物带入实验室。实验必须严格按照相关操作规程进行。

（2）应在微生物实验室入口处张贴明显的生物危险标志，并注明该实验室进行的实验的内容介绍、实验室危险因子、生物安全级别、负责人姓名和电话以及进入实验室的特殊要求和离开实验室的程序。

（3）非工作人员禁止进入微生物实验室，如有人员参观实验室等特殊情况，须向实验室负责人申请，经批准后方可进入；进入后要遵守实验室规章制度并做好卫生防护。此项操作必须在有关人员陪同下进行，同时，参观人员要注意做好实验室环境维护及保密工作。

（4）微生物实验室安全防护装备必须准备齐全，要保证所有的实验室工作人员能随时使用上安全装备；实验室工作人员上岗前必须接受专业知识的培训，能识别要进行的实验所带来的危害，并预先评估其风险。

（5）不论化学、微生物试剂或样品浓度是多少，若沾到皮肤上必须立即清洗。

（6）在实验室内尽量使用胶头滴管、药勺、试管、镊子或移液管等移取液体或固体，禁止口吸、手拿等操作；采取相关措施避免读写材料受到污染；应使用自粘标签。

（7）所有培养器皿表面、培养箱都应有相应的标识，注明微生物名称、实验项目和实验日期。工作台上的培养物只能短暂地作为实验耗材使用，不能长时间使用；使用完毕后应转移到规定的区域保存，比如冰箱或冷冻室等。

（8）微生物接种最好不要使用产生气溶胶的接种环，而应尽量使用铁圈环或接种针等，减少样品或试剂的溅出或防止气溶胶的产生。如有污染物泄漏，必须马上清理并对相关区域进行消毒处理。

（9）进行感染性实验时，禁止非相关人员进入实验室，如有其他特殊情况，须经实验室负责人同意后，非相关人员方可进入。免疫耐受或正在使用免疫抑制剂的工作人员应该及时向实验室负责人报备，并经实验室负责人同意后方可在实验室工作。

（10）实验后剩余的废弃物应该被隔离并存放在指定的废弃点，由实验室负责人按照规定进行消毒和处理。

（11）相关人员在实验室内接触微生物或含有微生物的物品后，在实验结束后要脱掉手套清洗手，并在离开实验室前彻底清洗手，包括指甲。

（12）在每天的实验前或实验结束后至少对工作台面进行一次全面的消毒，如有活性物质或微生物溅在工作台面上，要用75%的乙醇或巴氏消毒液进行消毒。

（13）实验室工作人员应定期接受必要的免疫接种（如接种乙型肝炎疫苗、卡介苗等）和相关检查，并且定期接受有关潜在危险知识的培训和掌握预防微生物暴露以及暴露后的处理程序的培训。

8.3 无菌室安全操作规程

（1）无菌培养室超净工作台台面在每次实验前都要用75%的乙醇消毒液擦洗，然后紫外线消毒30分钟。需要带入无菌室使用的器械（如移液器、废液缸、污物盒、试管架等）必须用75%的乙醇消毒液擦洗后包扎严密，置于台上，同时，进行紫外线消毒。实验结束后要用0.2%的新洁尔灭溶液拖洗地面一次（使用专用拖布），紫外线照射消毒30分钟以上。

（2）无菌室应保持清洁，严禁堆放杂物，以防污染；必须配有工作浓度的消毒液，如5%的甲酚溶液、75%的乙醇消毒液和0.1%的新洁尔灭溶液等。

（3）工作人员进入无菌室前，必须用肥皂或消毒液洗手消毒，然后在缓冲间更换专用工作服、鞋、帽、口罩和手套（或用75%的乙醇等消毒剂擦拭双手），方可进入无菌室进行实验。

（4）使用试品前，用75%的乙醇消毒棉球消毒外表面；试品在进入无菌室前应保持外包装完整，不得开启，以防污染。

（5）每项实验操作均应添加一组阴性对照实验，以检查无菌操作的可靠性。

（6）吸取菌液时，必须用移液器，切勿直接用口或鼻腔接触吸管；接种针（接种环等）每次使用前后，必须通过火焰数次灼烧灭菌，待冷却后才能接种培养物。

（7）操作完毕，应及时清理无菌室，再用紫外灯照射灭菌30分钟；带有菌液的吸管、试管或培养皿等接触菌液的器皿应浸泡在盛有5%的来苏水溶液或巴氏消毒液的消毒桶内消毒24小时，然后再取出冲洗。

（8）如有菌液洒在桌上或地上，应立即用5%的苯酚溶液或3%的来苏水溶液倾覆在被污染处，浸泡至少30分钟后再做处理；工作衣帽等受到菌液污染时，应在高压蒸汽灭菌后洗涤。

（9）凡带有活菌的物品，必须经高温高压消毒后才能在水龙头下冲洗，严禁器皿未经消毒直接冲洗，以免污染下水道。

（10）无菌室应定期用适宜的消毒液灭菌清洁，以保证无菌室的洁净度符合要求。

（11）应定期检查无菌室内的残留菌落数。在层流无菌风开启的状态下，取内径为90 mm的无菌营养琼脂平板5个，分别置于无菌室四周及中央位置，开盖暴露30分钟后，在36 ℃培养箱培养48小时后取出检查；100级的洁净区内平板杂菌数平均不得超过1个菌落/平皿，10000级洁净室平均不得超过3个菌落/平皿。如超过限度，应用臭氧发生器等消毒设备对无菌室进行彻底消毒，重复检查直至菌落数合乎要求为止。

8.4 微生物实验室工作区的清洁

微生物实验室工作区域的组成大致分为培养基准备区、待灭菌物保存区、灭菌区、无菌物品贮存区和工作区。工作区域的清洁要求包括以下三点：

（1）工作区域应保持整洁，非正在使用的物品和可能引起泄漏的有害物品不应出现在该区域。

（2）工作台应在教学结束后进行清洁和消毒，并将用于灭菌的物品收集起来。

（3）应使用含有清洁剂的拖布清洁地板；严禁使用家用吸尘器，必须使用安装排气装置的高效微粒空气过滤器，以避免产生气溶胶；定期清理墙壁，对污染严重的墙壁，须使用清洁剂清洗；离心机、水浴器、孵化器、冰箱、冷藏柜和液氮罐等设备应定期清洗、消毒，送去修理或处置之前应消毒。

8.5 消毒方法

（1）压力蒸汽灭菌。压力蒸汽灭菌（高压）是消毒最可靠的手段。该操作在高温高压下进行，所以在灭菌釜正常工作时，应采取适当措施保护工作人员及周边人员的安全。最小灭菌时间应为：121 ℃ 15 min；134 ℃ 4 min。

（2）化学消毒。化学消毒指使用相关的化学试剂对微生物进行灭杀，通常是学校对较大空间或表面区域以及热不稳定的材料或设备进行消毒的可行方法。

8.6 菌种的保存

菌种有以下六种保存方法：

（1）传代培养保藏法。传代培养有斜面培养、穿刺培养和疱肉培养基培养等方法（后者作为保藏厌氧细菌用），培养后于4 ～6 ℃冰箱内保存。

（2）液状石蜡覆盖保藏法。该法是在斜面培养物或穿刺培养物上覆盖灭菌的液状石蜡的保藏方法，一方面，可防止因培养基水分蒸发而引起菌种死亡；另一方面，可阻止氧气进入以减弱代谢作用。这种方法是传代培养的变相方法，能够适当延长菌落的保藏时间。

（3）载体保藏法。该法是将微生物吸附在适当的载体，如土壤、沙子、硅胶或滤纸上，而后进行干燥的保藏法。沙土保藏法和滤纸保藏法简单有效，因而应用相当广泛。

（4）寄主保藏法。该法用于目前尚不能在人工培养基上生长的微生物，如病毒、立克次氏体和螺旋体等，它们必须在活体内（如哺乳动物、昆虫和鸡胚等）

感染并传代。此法相当于一般微生物的传代培养保藏法，不同的是运用活体作为载体；病毒、立克次氏体和螺旋体等微生物亦可用其他方法，如液氮（冷冻）保藏法与冷冻干燥保藏法进行保藏。

（5）冷冻保藏法。可分低温冰箱（－30 ～－20 ℃，－80 ～－50 ℃）、干冰酒精快速冻结（约－70 ℃）和液氮（－196 ℃）等保藏法。

（6）冷冻干燥保藏法。该法先使微生物在极低温度（－70 ℃左右）下快速冷冻，然后在减压下利用升华现象除去水分（真空干燥）。

有些方法（如滤纸保藏法、液氮保藏法和冷冻干燥保藏法等）需使用保护剂来制备细胞悬液，以防止因冷冻或水分不断升华对细胞造成损害。保护性溶质可通过氢键和离子键对水和细胞产生亲和力来稳定细胞成分的构型。保护剂有牛乳、血清、糖类、甘油、二甲亚砜等。

8.7 微生物实验废弃物的收集和处理

微生物实验室实验后的废弃试剂或微生物样品必须用特定容器收集，并根据类别明确标识。非感染性材料如废纸等纸制品及塑料等应放于单层塑料袋中；而注射器针头、碎玻璃和刀片等应放在不易刺破的容器中；感染性样品残余，用过的培养皿、培养瓶、手套等一次性物品应收集在一个标有生化危害标识的大容器中。

微生物废弃物的处理原则如下：

（1）所有含有活体微生物的废弃物均应使用压力蒸汽灭菌或者化学消毒剂处理（最少浸泡30分钟，最好是24小时），经高压处理或化学处理后，方可对废弃物进行清洗，或在指定垃圾填埋场处置（应符合当地处理规定）；所有涉及转基因生物的处理应符合相关转基因监督组织的要求。

（2）未被污染的实验室废物处理可以采用和生活垃圾相同的处理方式，最佳处理方法为：尽可能使用塑料器材代替玻璃器材，防止利器损伤；非一次性利器必须放入厚壁容器中并运送到特定区域消毒，最好进行高压消毒。

（3）禁止用手处理破碎的玻璃器具，装有污染针、破碎玻璃等利器的容器在丢弃之前必须用次氯酸消毒液或其他有效消毒药品进行消毒。

8.8 微生物运输

1．*长途运输要求*

（1）菌（毒）种以冻干在安瓿或保存在斜面上或其他合适形式提供，运输时应有三层包装，将“感染性物品”标记（采用《危险货物包装标志》GB 190—2009规定的标记）贴在外包装上，并在“感染性物品”标记上标明其生物危害程度，两面都必须有“向上”“易碎”的标记（采用《包装储运图示标志》

GB/T 191—2008 规定的标记）。

（2）外包装的标签上还应包括接收者姓名、地址和联系电话，运输者姓名、地址和联系电话。

（3）运输时保存的温度要求如下：①为保持菌（毒）种活力，运输中应尽量使菌（毒）种处于适宜温度内。保持温度的方法有干冰降温法、湿冰降温法和液氮法。干冰或湿冰置于第二和第三层包装间。②冻干菌（毒）种用干冰或湿冰即可满足温度要求。当采取湿冰时，要首先对内层包装进行防水检验，步骤可采取《防水包装》GB/T 7350—2008 的 A 类 3 级包装进行。运输时间应在 72 小时内。③未冻干菌（毒）种用液氮运输，也可以用干冰、湿冰，包装要求同上，运输时间要尽可能缩短。④其他菌（毒）种按照保持其活性对温度的要求选择保持温度的方法。

2. 就地转送要求

（1）菌（毒）种以冻干在安瓿内或其他合适形式提供。

（2）安瓿等菌（毒）种容器必须防水、防泄漏。转运时用吸水性能良好的柔软包裹材料包裹安瓿等菌种容器，然后用各种填充材料将包装好的容器固定在防泄漏的塑料或金属箱中，用盖子盖严密。

（3）每个转送箱外都要贴有“感染性物品”标志，微生物数据表格和鉴定信息也应在箱外张贴。

（4）随箱应有消毒用品等应急材料。

3. 运输安排

（1）护送者资质要求：具备相应的微生物知识和生物安全知识，熟悉所携带微生物的特性；必须携带便捷的联络工具，有突发情况时，能够迅速与有关部门取得联系。

（2）护送者要提前安排，确保携带必需的文件，包括微生物购买许可文件和微生物携带、运输许可文件等。

（3）运输路线要短，时间要快。避免货物周末或公共假日到达目的地。承运者应具备相应的运输资质。

4. 包装的开启方法

包装开启必须在相应的生物安全水平实验室进行。

（1）包装开启：穿防护服，戴上手套等，先仔细检查包裹外观，观察有无渗漏、破损等异常现象。如无异常则将外包装除去，仔细观察第二层包装，观察有无渗漏、破损等异常现象。

（2）如上述检查无异常则打开第二层包装，检查第三层包装，观察有无渗漏、破损等异常现象。

（3）如上述检查无异常则打开第三层包装，取出菌（毒）种。

（4）如外包装和第二层包装同时有渗漏、破损等异常情况，并且安瓿等微生物容器已经破损，要立刻通知有关部门和菌（毒）种发放单位采取措施，并对包装、运输工具等微生物污染物进行消毒。

（5）如外包装有渗漏等异常情况，但安瓿等微生物容器无破损，或安瓿等微生物容器已破损，但外包装无破损、渗漏情况，则无须追溯破损地点，可按照生物安全操作原则，对微生物污染物进行消毒。

8.9 微生物实验室紧急事故处理办法

（1）不产生气溶胶、危害等级为Ⅰ的微生物泄漏时，可使用浸润有效化学消毒剂的纸巾进行擦拭，具体步骤如下：①穿戴适当的防护服和手套，用释放次氯酸钠的专用吸收材料进行大约10分钟的消毒；使用镊子移动尖锐的物品，并把其当成污染物处理及丢弃。②使用相同的消毒剂溶液擦拭可能被污染的区域，仔细清理溢液和消毒液并将所有受污染物质转移至处置点。③脱掉防护服和手套并洗手。

（2）如有刺伤、切割伤或擦伤等情况发生，受伤人员应脱下防护服，清洗双手和受伤部位，使用适当的皮肤消毒剂进行消毒，必要时进行医学处理；同时，记录受伤原因和相关的微生物信息，并保留完整适当的医疗记录。

（3）如果有潜在感染性物质被食入的情况，操作人员应帮助食入者脱下防护服，进行必要的医学处理，送医后向医生报告食入材料的鉴定和事故发生的细节，并保留完整适当的医疗记录。

（4）如果有潜在危害性气溶胶释放的情况（在生物安全柜以外），所有人员必须立即撤离相关区域，暴露人员应接受医学咨询，同时立即通知实验室负责人和生物安全负责人。在一定时间内严禁人员入内，以待气溶胶排出和较大的粒子沉降下来，若实验室没有中央通风系统，则禁止进入实验室的时间应该相应延长，同时张贴“禁止进入”的标志；待气溶胶排出和较大的粒子沉降后，需要先对实验室进行检测，并在生物安全负责人的指导下由清理人员穿戴适当的防护服和呼吸保护装备对污染源进行清除。

（5）如果容器破碎及感染性物质溢出，应立即使用布或纸巾覆盖被感染性物质污染或溢洒的破碎物品和场地，并倒上微生物消毒剂，待作用适当时间后，将覆盖物和破碎物品清除干净，最后用消毒剂擦拭污染区域。玻璃碎片应用镊子清理，已污染的布和纸巾等应放在盛放污染性废弃物的容器内；如果用簸箕清理破碎物，应对使用过的簸箕等清洁用具进行高压灭菌或放在有效的消毒液内浸泡消毒（所有操作过程中要求戴手套）；若实验表格及其他打印或手写材料被污染，应将这些材料复制后再将原件置于盛放污染性废弃物的容器内，按处理污染性废弃物的方式进行处理。

（6）如果未装可封闭离心桶的离心机内盛有潜在感染性物质的离心管发生破裂或机器正在运行时发生破裂或怀疑发生破裂，应先关闭机器电源，让机器密闭适当时间（如30分钟或更长时间）使气溶胶沉积。如果机器停止后发现离心管破裂，则不能开盖或立即将盖子盖上，并密闭一段时间（如 30 分钟），同时应通知生物安全负责人；玻璃碎片应使用镊子（不允许直接用手）清理干净；用镊子夹着棉花对机器进行局部清理。所有破碎的离心管、玻璃碎片、离心桶、十字轴和转子都应放入无腐蚀性的、对相关微生物具有杀灭活性的消毒剂内进行消毒；未破损的带盖离心管应放在另一个有消毒剂的容器中，消毒后回收；离心机内腔应用适当浓度的同种消毒剂多次擦拭，再用水冲洗后干燥。清理时，应戴结实的手套（如厚橡胶手套），必要时先戴上适当的一次性手套。所使用的全部材料都应按污染性废弃物处理。

（7）如果在可封闭的离心桶或安全杯内离心管发生破裂，应将所有的密封离心桶在生物安全柜内装卸；若怀疑在安全杯内离心管发生破损，应打开安全杯盖子并将离心桶高压灭菌，也可采用化学消毒的方法进行消毒。

（8）如果生物安全柜内有感染性物质溢出，先等待至少 5 分钟让安全柜充满气溶胶后再清理，清理时应穿戴实验服、护目镜和手套，且保证安全柜持续工作。用浸泡消毒剂的消毒纸巾吸附溢出物，消毒处理应保证一定的接触时间（至少 20 分钟），并用同样的消毒纸巾擦拭安全柜内壁、工作台表面和柜内所有设备；按照生物废弃物处理步骤处理被污染的物品，将可回收的被污染物品放入生物危害物回收袋或高压灭菌盘并且用报纸包起来，然后进行消毒及清理；用消毒剂对无法进行高压灭菌的物品进行至少 20 分钟的消毒处理后再拿出安全柜；最后脱下个人防护服并放进污染物收集袋中进行高压灭菌处理。

（9）使用消毒剂进行消毒的具体步骤如下：如果有危害生物溢出，用干纸巾覆盖溢出物（用来吸附液体）后再放上浸泡消毒剂的纸巾，使消毒剂包围溢出物，并确保消毒剂与污染溢出物充分接触（接触时间超过 30 分钟），应尽可能减少气溶胶的形成；对溢出物附近的所有物品进行消毒处理时要保证持续一定时间，使消毒剂的消毒作用得到充分发挥；使用合适的消毒剂擦拭设备，并按照正确的生物危害物处理程序处理被污染的物品，对可回收利用的物品进行消毒处理后保存利用。

第9章 实验室“三废”处理方法

9.1 实验室废弃物分类

实验室的废弃物按其形态可以分为废液、废气、固体废弃物三类，简称“三废”。

9.1.1 废气

实验室的废气主要来源于实验过程中化学试剂的挥发、分解、泄漏等，具体包括挥发性试剂的挥发物、实验分析过程的中间产物、泄漏或排空的标准气等。依据对人体危害的不同，废气可具体分为两类：一是刺激性的有毒气体，通常对人的眼睛和呼吸道黏膜有很大的刺激作用，如氨气、二氧化硫、氯气及氟氧化物等；二是会造成人体缺氧性休克的窒息性气体，如硫化氢、一氧化碳、甲烷、乙烯等。

9.1.2 废液

实验室产生的废液包括化学性实验废液和一般废水。化学性实验废液来源主要有：多余的样品、标准溶液，样品分析残液，失效的贮藏液和洗液以及大量的洗涤液，如各种酸碱废液、含氟废液、重金属废液等；一般废水主要来源于仪器清洗用水、实验室的清扫用水以及大量使用的洗涤用水等。实验性废水主要是实验产生的各种废水，如有机试剂作溶剂时排放的液体。废液对其周围的环境产生极大的不良影响，甚至会危及人和其他生物的生命，所以需要进行妥善处理。

9.1.3 固体废弃物

实验室所产生的固体废弃物包括残留的或失效的固体化学试剂、沉淀絮凝反应所产生的沉淀残渣以及消耗和破损的实验用品（如玻璃器皿、包装材料等），另外还包括实验室的常用滤纸和办公耗材等。这些固体废弃物有复杂的组成成分，对环境的危害较大，尤其是一些过期失效的化学药剂。

9.2 实验室废弃物处理的基本要求

（1）产生实验废弃物的单位都负有对危险实验废弃物做科学、合理的收集、暂存和无害化处理的责任。

（2）严禁将危险实验废弃物随意排入下水道以及任何水源；严禁乱丢乱弃，堆放在走廊、过道以及其他公共区域，应与生活垃圾分类存放。

（3）对危险实验废弃物应分类收集、妥善贮存，在收集容器外加贴标签并注明废弃物品名等信息，要确保容器密闭可靠，不破碎，不泄漏。对未达到要求的废弃物，收储点将不予接收和处置。

（4）对化学废弃物应先进行减害性预处理或回收利用，减少化学废弃物的体积、重量并降低其危险程度，减轻后续处理处置的负荷。化学废弃物回收利用应达到国家和地方有关规定要求，避免二次污染。

9.3 废气的处理

有少量有毒气体生成的实验应在通风橱内进行，通过排风系统把有毒气体排到室外（排风处理，大气稀释），避免污染室内空气。通风橱排气口应避开居民点并有一定高度，使之易于扩散，以不影响居民身心健康为原则。毒气量大的实验必须备有吸收或处理装置，如 NO_x、SO_2、Cl_2、H_2S、HF 等可用导管通入碱液中被吸收，CO 可点燃转化成 CO_2，可燃性有机废气可在燃烧炉中通氧气完全燃烧。

9.3.1 吸收法

吸收法是指通过采用合适的液体作为吸收剂除去废气中的有毒有害气体的方法，分为物理吸收和化学吸收两种。比较常见的吸收溶液有水、酸性溶液、碱性溶液、有机溶液和氧化剂溶液，可用于净化含有 SO_2、Cl_2、NO_x、H_2S、HF、NH_3、HCl、酸雾、汞蒸气、各种有机蒸气和沥青烟等废气。这些溶液吸收废气后又可以用于配制某些定性化学试剂的母液。

9.3.2 固体吸附法

固体吸附法是废气中的污染物质（或吸收质）在固体吸收剂表面经过充分的振荡或久置，被固体吸收剂吸附从而达到分离的目的的方法。此法适用于废气中低浓度污染物质的净化，例如，常见的有机及无机气体可以选择活性炭或新制取的木炭粉作为固体吸收剂，选择性吸收 H_2S、SO_2和汞蒸气需要使用硅藻土，选择性吸收 NO_x、CS_2、H_2S、NH_3、CCl_4等就要用到分子筛。

9.3.3 回流法

易液化的气体可以通过特定的装置使挥发的废气在装置中空气的冷却下液化，再沿着容器内壁回流到反应装置内，这就是回流法。比如制取溴苯时可以在装置上连接足够长的玻璃管冷却溴蒸气并回流。

9.3.4 燃烧法

通过燃烧去除有毒有害气体是一种有效处理有机气体的方法，尤其适用于排量大且浓度低的苯类、酮类、醛类、醇类等各种有机废气的去除，如对于 CO 尾气的处理、对 H_2S 的处理等。

9.3.5 颗粒物的捕集

去除或捕集以固态或液态形式存在于空气中的颗粒污染物的过程称为除尘。根据颗粒物的分离原理，除尘装置一般可以分为过滤式除尘器、机械式除尘器、湿式除尘器。此外，实验室空气净化方面主要是通风。

9.4 废液的处理

根据废弃液的不同化学特性，可以将实验室废弃液分类后再贮存到规定的容器中，并对废弃液的种类和贮存的时间进行标明。依据废弃液的性质及其组成成分，可采用絮凝沉淀、酸碱中和或者氧化剂氧化等方法进行处理或回收。实验室如果没有能力处理，则要将废弃液收集起来，定期联系具有处理资格的单位进行统一处理；同时，要注意选择合适的容器收集废液。

9.4.1 简单废液的处理

1. 絮凝沉淀法

絮凝沉淀法主要适用于处理含有重金属离子的无机废弃液。在确定废弃液中各离子的沉降特性后，选择合适的絮凝剂，如石灰、铁盐或铝盐等，在弱碱性条件下形成含 $Fe(OH)_3$和 $Al(OH)_3$成分的絮胶状沉淀，絮状沉淀物可吸附废弃液中的重金属离子、色素及其他污染物等。

2. 硫化物沉淀法

硫化物沉淀法主要针对含有汞、铅、镉等重金属较多的废弃液的处理，一般通过调节 pH 后用 Na_2S 或 NaHS 把废弃液中的此类重金属转化为难溶于水的金属硫化物，再加入 $FeSO_4$作为共同沉淀剂共同沉淀，最后静置，达到过滤分离的目的。

3. 氧化还原中和沉淀法

氧化还原中和沉淀法适用于处理含有六价铬 Cr^{6+} 或其他还原性的有毒物质，

如氰根离子等。

4. 活性炭吸附法

活性炭吸附法可去除微量溶解状态的有机物。有机废弃液的主要成分是烷烃类、芳香类或是能够使溶液表面自由能降低的一类物质，废弃液浓度高、量少、呈酸性时，可用活性炭进行吸附处理，还可以同时吸附部分无机重金属离子。

5. 铁氧体沉淀法和 GT 铁氧体法

铁氧体指的是化学通式为 M_2FeO_4 或 $MOFe_2O_3$（其中，M 代表其他金属）的复合金属氧化物，一般为呈尖晶石状的立方结晶构造，其中，Fe^{2+} ：Fe^{3+}（摩尔比）=1：2 时最理想的 pH 条件为 8.0 ～9.0。铁氧体特有的包裹和夹带作用可以使重金属离子在进入铁氧体的晶格后形成复合的铁氧体，复合的铁氧体稳定性很好，在一般的酸碱条件下就能一次性脱除废弃液中的各种金属离子，如 Cr^{3+}、Fe^{3+}、Pb^{2+}、As^{3+}、Zn^{2+}、Hg^{2+}、Cd^{2+}、Mn^{2+}、Cu^{2+} 等，使废弃液中的有害重金属都不会浸出。

GT 铁氧体法是为了克服常规铁氧体法的缺点而研究出的一种改进的铁氧体法。其原理是：在废水中加入 Fe^{3+}，然后将含 Fe^{3+} 的部分废水通过装有铁屑的反应塔，在反应塔中 Fe^{3+} 在常温下与铁屑反应生成 Fe^{2+}。再将反应塔中废水与原废水混合，在常温下加碱，数分钟后即生成黑棕色的铁氧体。GT 铁氧体法处理电镀含铬废水时，与铁氧体法相比，工艺简单，操作方便，节约能源。

9.4.2 高浓度有机废液的处理

1. 焚烧法

对具有可燃性的有机溶剂、有机残液或废料液等可采取焚烧法来进行处理，其在高温条件下氧化分解，生成水和二氧化碳等对环境无害的产物，尤其是对浓度高、组分复杂、无回收利用价值且热值比较高（指易燃烧）的废弃液，可考虑直接采用焚烧法进行处理。焚烧法是最容易实现工业化的方法之一。

2. 氧化分解法

氧化分解法是让废弃液经过一系列氧化还原反应后，使高毒性的污染物质转化为低毒性的污染物质，然后再通过混凝和沉淀的方法将污染物从当前的反应体系中分离出去的方法。

3. 水解法

水解法属于厌氧生物处理方法，适用于高浓度废弃液的初步处理。细菌利用污染物为营养物质进行生长，从而消耗水中的污染物，使废水得到净化。

4. 溶剂萃取法

溶剂萃取法是利用化合物在两种互不相溶的溶剂中溶解度或分配系数不同，将化合物从一种溶剂中转移到另外一种溶剂中，经过反复多次萃取后可提取出来大部分化合物的方法。对于亲水性的有机溶剂，与水做两相萃取的效果很差，这是因为较多的亲水性杂质也随之而出，影响有效成分的进一步提取。

5. 生物化学处理法

生物化学处理法是利用微生物的代谢使废弃液中溶解或呈胶体状态的有机污染物质转化为无害的污染物质从而达到净化的方法，分为需氧型生物处理法和厌氧型生物处理法两种。

9.5 固体废弃物的处理

固体废弃物不能随便乱放，以免发生事故。能放出有毒气体或能自燃的危险废料不能丢进废品箱内或排进废水管道中；不溶于水的固体废弃物不能直接倒入垃圾桶，必须将其在适当的地方烧掉或用化学方法处理成无害物；碎玻璃和其他有棱角的锐利废料要收集于利器盒内交由专业人员处理。

9.5.1 对固体废弃物的预处理

固体废弃物难处理，在对其进行进一步的综合利用和最终的处理之前，通常需要先对其实行预处理。固体废弃物的预处理一般包括固体废弃物的筛分、破碎、压缩、粉磨等程序。

9.5.2 物理法处理固体废弃物

物理法是根据固体废弃物的物理性质和物理化学性质，用合适的方法从其中分选或者分离出有用和有害的固体物质的方法。常用的分选方法有重力分选、电力分选、磁力分选、弹道分选、光电分选、浮选和摩擦分选等。

9.5.3 化学法处理固体废弃物

化学法是固体废弃物发生一系列的化学变化后转换成能够回收的有用物质或能源的方法。常见的化学处理方法包括煅烧、焙烧、烧结、热分解、溶剂浸出、电力辐射和焚烧等。

9.5.4 生物法处理固体废弃物

生物法是利用微生物本身的生物－化学作用，使复杂的固体有机废物分解为简单的物质，从有毒的物质转化为无毒的物质的方法。常见的生物处理法有沼气发酵和堆肥。

9.5.5 固体废弃物的最终处理

对于没有利用价值的有毒有害固体废弃物，常见的最终处理方法有焚化法、掩埋法和海洋投弃法等。固体废弃物在掩埋和投弃入海之前都需要进行无害化处理。掩埋处理时，要深埋在远离人类聚集的指定地点，并对掩埋地点做记录。

9.6 几种常见危险化学品的处理方法

处置危险化学品的基本原则就是将剧毒、有毒、有害的危险化学品尽可能处理成无毒、无害或毒性较低、危害较小的物质，尽量减少危险化学品泄漏事故所造成的损失，降低其危害，可通过物理方法（如回收、收集、吸附）和化学方法（如中和反应、氧化还原反应、沉淀）等多种方法进行处置。用于处置的物质应易得、低廉、低毒、不造成二次污染、易于消除。同时，为确保处置人员及周围群众的人身安全，应按规定佩戴必需的防护设备（如防护服、防毒呼吸器等）进入现场处置。

9.6.1 含汞废液的处理

含汞废液主要指含氯化汞、硝酸汞、硫酸汞、硝酸亚汞、黄色氯化汞等。

1\. 处理流程

调节含汞废水 pH 至 10 左右（溶液中有 OH^-），然后加入过量 Na_2S 生成 HgS 沉淀，加入共沉淀剂 $FeSO_4$，与过量的 Na_2S 生成 FeS 和 $Fe(OH)_2$ 沉淀，将悬浮在水中难以沉降的 HgS 微粒吸附共沉，静置沉淀分离或经离心过滤后，上层清液可直接排出，沉淀用焙烧法或电解法回收汞或制成汞盐。

2\. 反应方程式

$$Hg^{2+} + S^{2-} \rightarrow HgS\downarrow$$

$$2Fe^{2+} + S^{2-} + 2OH^- \rightarrow FeS\downarrow + Fe(OH)_2\downarrow$$

3\. 注意事项

（1）要严格控制 pH，保证反应始终在碱性条件下进行，确保 $Fe(OH)_2$ 沉淀的生成，并防止产生有毒气体 H_2S。

（2）对于有机汞废液，先加浓硝酸调节 pH 至小于 2，加过量过氧化氢将有机汞先完全转化为 Hg^{2+}，再加 NaOH 将反应液 pH 调至 11 ～12，加热除去过氧化氢后再按照上述流程处理。

（3）对于可溶性汞盐，可以使用还原法，即用铜屑、铁屑、锌粒和硼氢化钠等进行还原。

9.6.2 含砷废液的处理

1\. 处理流程

在含有 As_2O_3 的废水中加入浓硝酸，待反应完全后加入 NaOH 调节 pH 为 5 ～7，最后加入过量的沉淀剂（$AlCl_3$、$FeCl_2$、$CaCl_2$ 或 $MgCl_2$）沉淀砷酸根离子。

2\. 反应方程式

$$2HNO_3 + As_2O_3 + 2H_2O \rightarrow 2H_3AsO_4 + N_2O_3\uparrow$$

$AsO_4^{3-} + Al^{3+} \rightarrow AlAsO_4\downarrow$（金属离子也可以是 Fe^{2+}、Ca^{2+}、Mg^{2+} 等）

3. 注意事项

第二个反应的pH需要严格控制，因为pH较高的条件下，以部分砷酸铁沉淀会转化为氢氧化铁沉淀或针铁矿（2 - $Fe_2O_3 \cdot H_2O$ 或 2 - FeOOH），释放出砷酸根，导致溶液中砷含量增加，生成的氢氧化铁或氢氧化铝会促进凝结沉淀，有利于除砷。

9.6.3 含铅废液的处理

含铅废液主要指含乙酸铅、醋酸铅、硝酸铅等的废液。

石灰石［粒径为0.2～5.0 mm，碳酸钙含量（即质量分数）大于90%］膨胀调节含铅废水pH，经中间水池散逸完全废水中的二氧化碳，停顿一段时间后的废水放入pH调节池，调节pH至6左右后进入絮凝沉淀池，加NaOH调节废水的pH至7～8时加入PAM絮凝剂（即聚丙烯酰胺），沉淀废水中的悬浮物，添加絮凝剂（捕捉重金属）后的废水进入一步净化器。一步净化器分为五个部分，即高速涡流反应区、渐变缓速反应区、悬浮澄清沉淀区、强力吸附区和污泥浓缩区。最后对沉淀物进行深挖填埋。

9.6.4 间苯二酚的处理

将间苯二酚与碳酸氢钠、固体易燃物充分接触后再焚烧。禁配物包括酰基氯、酸酐、碱、强氧化剂和强酸。

9.6.5 氯化钡的处理

用硫酸或可溶性硫酸盐处理氯化钡生成$BaSO_4$沉淀，沉淀深埋，溶液稀释。处理过程中注意HCl气体的产生。

$$BaCl_2 + H_2SO_4 \rightarrow BaSO_4\downarrow + 2HCl\uparrow$$

$$Ba(OH)_2 + H_2SO_4 \rightarrow BaSO_4\downarrow + 2H_2O$$

第10章 实验室常见事故的应急措施

10.1 实验室内常见危险品

实验室内有很多易燃易爆、有毒、有腐蚀性等的危险品。常见危险品有以下几种：

（1）爆炸品。爆炸品具有猛烈的爆炸性，受到高热、摩擦、撞击、振动等外来因素的作用或与其他性能相抵触的物质接触，就会发生剧烈的化学反应，产生大量的气体和高热，引起爆炸。如三硝基甲苯（TNT）、苦味酸、硝酸铵、叠氮化物、雷酸盐及其他超过三个硝基的有机化合物等。

（2）氧化剂。氧化剂具有强烈的氧化性，按其不同的性质遇酸、碱，受潮，遇强热或与易燃物、有机物、还原剂等性质有抵触的物质混存能发生分解，引起燃烧甚至爆炸。如碱金属和碱土金属的氯酸盐、硝酸盐、过氧化物，高氯酸及其盐，高锰酸盐，重铬酸盐和亚硝酸盐等。

（3）压缩气体和液化气体。气体压缩后贮存于耐压钢瓶内，危险性强，钢瓶如果在太阳下暴晒或受热使瓶内压力升高至大于容器耐压限度，即可能引起爆炸。钢瓶内气体按性质分为四类：剧毒气体，如液氯、液氨等；易燃气体，如乙炔、氢气等；助燃气体，如氧等；不燃气体，如氮、氩、氦等。

（4）自燃物品。此类物品暴露在空气中，依靠自身的分解、氧化产生热量，使温度升高到自燃点即能发生燃烧。如白磷等。

（5）遇水燃烧物品。此类物品遇水或在潮湿空气中能迅速分解，产生高热，并放出易燃易爆气体，引起燃烧甚至爆炸。如金属钾、钠及电石等。

（6）易燃液体。此类液体极易挥发成气体，遇明火即燃烧。以闪点作为评定液体火灾危险性的主要根据，闪点越低，危险性越大，闪点在45 ℃以下的称为易燃液体，45 ℃以上的称为可燃液体（可燃液体不纳入危险品管理）。易燃液体根据其危险程度分为二级：一级易燃液体闪点在28 ℃以下（包括28 ℃），如乙醚、石油醚、汽油、甲醇、乙醇、苯、甲苯、乙酸乙酯、丙酮、二硫化碳、硝基苯等；二级易燃液体闪点在29～45 ℃（包括45 ℃），如煤油等。

（7）易燃固体。此类物品着火点低，如受热、遇火星、受撞击、摩擦或受氧化剂作用等能引起剧烈的燃烧甚至爆炸，同时放出大量有毒有害气体。如赤磷、硫黄、萘、硝化纤维素等。

（8）毒害品。此类物品具有强烈的毒害性，少量进入人体或接触皮肤即能致人中毒甚至死亡。如汞和汞盐（升汞、硝酸汞等）、砷和砷化物（三氧化二砷，即砒霜）磷和磷化物（黄磷，即白磷，误食0.1 g黄磷即能致死）、铅和铅盐（醋酸铅、硝酸铅等）、氢氰酸和氰化物（氰化钠、氰化钾等）以及氟化钠、四氯化碳、三氯甲烷等；有毒气体如醛类、氨气、氢氟酸、二氧化硫、三氧化硫和硫化氢等。

（9）腐蚀性物品。此类物品具强腐蚀性，与人体接触会引起化学灼伤。有的腐蚀物品有双重性和多重性，如苯酚既有腐蚀性又有毒性和燃烧性。腐蚀性物品有硫酸、盐酸、硝酸、氢氟酸、醋酸酐、冰乙酸、甲酸、氢氧化钠、氢氧化钾、氨水、甲醛、液溴等。

（10）致癌物质。如多环芳香烃类、3，4－苯并芘、1，2－苯并蒽、亚硝胺类、氮芥烷化剂、α－萘胺、β－萘胺、联苯胺、芳胺以及一些无机元素如砷、铬、铍等都有较明显的致癌作用，要谨防它们侵入人体内。

（11）诱变性物品。如溴化乙锭（EB）具强诱变致癌性，使用时一定要戴一次性手套，注意操作规范，不要随便触摸别的物品。

（12）放射性物品。此类物品具有放射性，人体受到过量辐射照射或吸入放射性粉尘能引起放射病[①]。如硝酸钍及放射性矿物独居石等。

10.2 实验室事故的类型

1. 火灾性事故

火灾性事故的发生具有普遍性，几乎所有的实验室都可能发生。（图10－1）酿成这类事故的直接原因可能有以下几种：

（1）忘记关电源，致使设备或用电器具通电时间过长，温度过高，引起火灾。

（2）供电线路老化、超负荷运行，导致线路发热，引起火灾。

（3）对易燃易爆物品操作不慎或保管不当，使火源接触易燃物质，引起火灾。

（4）乱扔烟头，接触易燃物质，引起火灾。

2. 爆炸性事故

爆炸性事故多发生在具有易燃易爆物品和压力容器的实验室。（图10－2）酿成这类事故的直接原因可能有以下几种：

（1）违反操作规程使用设备、压力容器（如高压气瓶）而导致爆炸。

（2）设备老化，存在故障或缺陷，造成易燃易爆物品泄漏，遇火花而引起爆炸。

---

① 放射病是机体在短时间内受大剂量电离辐射照射引起的全身性疾病。

（3）对易燃易爆物品处理不当，导致燃烧爆炸。该类物品（如三硝基甲苯、苦味酸、硝酸铵、叠氮化物等）受到高热、摩擦、撞击、振动等外来因素的作用或与其他性能相抵触的物质接触，就会发生剧烈的化学反应，产生大量的气体和高热，引起爆炸。如强氧化剂与性质有抵触的物质混存能发生分解，引起燃烧甚至爆炸；由火灾事故发生引起仪器设备、药品等的爆炸。

3. 毒害性事故

毒害性事故多发生在具有剧毒物质的实验室和毒气排放的实验室。（图10－3）酿成这类事故的直接原因可能有以下几种：

（1）将食物带进有毒物的实验室，造成误食中毒。例如，南京某大学一工作人员盛夏时误将冰箱中的含苯胺的中间产品当酸梅汤喝了，引起中毒，其原因就在于该冰箱中曾存放过供工作人员饮用的酸梅汤。

（2）设备设施老化，存在故障或缺陷，造成有毒物质泄漏或有毒气体排放不出而留在实验室，酿成中毒。

（3）管理不善、操作不慎或违规操作，实验后有毒物质处理不当，造成有毒物品散落流失，引起人员中毒或环境污染。

（4）废水排放管路受阻或失修、改道，造成有毒废水未经处理而流出，引起环境污染。

当心火灾—易燃物质

图10－1 “当心火灾”标识

当心爆炸—爆炸性物质

图10－2 “当心爆炸”标识

当心剧毒

图10－3 “当心剧毒”标识

4. 机电伤人性事故

机电伤人性事故多发生在有高速旋转或冲击运动的实验室、要带电作业的实验室或一些有高温产生的实验室。事故表现和直接原因可能有以下几种：

（1）操作不当或缺少防护，造成设备挤压、甩脱和碰撞而伤人。

（2）违反操作规程或因设备设施老化存在故障和缺陷而引发事故。

（3）设备漏电造成触电或电弧火花伤人。

（4）设备使用不当造成高温气体、液体喷出而对人造成伤害。

5. 设备损坏性事故

设备损坏性事故多发生在用电加热的实验室。事故表现和直接原因是线路故障或雷击造成突然停电，被加热的介质不能按要求恢复原来的状态，造成设备损坏。例如，湖南某高校两次发生的约20根汞电管报废事故（损失约1.5万元），就是因为突然停电而造成的。

10.3 常见事故的处理方法

1. 火灾事故的预防与处理

在使用苯、乙醇、乙醚、丙酮等易挥发易燃烧的有机溶剂时，如果操作不慎，极易引起火灾事故。为了防止此类事故的发生，必须随时注意以下几点：

（1）操作和处理易燃易爆溶剂时，应远离火源；对易爆炸固体的残渣，必须小心销毁（如用盐酸或硝酸分解金属炔化物①）；不要把未熄灭的火柴梗乱丢；对于易发生自燃的物质（如催化加氢反应②用的催化剂雷尼镍）及沾有它们的滤纸，不能随意丢弃，以免造成新的火源，引起火灾。

（2）实验前应仔细检查仪器装置是否正确、稳妥与严密，实验操作时要求严格按规程使用仪器。常压操作时，切勿造成系统密闭，否则可能会发生爆炸事故；对沸点低于 80 ℃的液体，一般蒸馏时应采用水浴加热，不能直接用火加热。实验操作中，应防止有机物蒸气泄漏出来，更不要用敞口装置加热。若要进行除去溶剂的操作，则必须在通风橱里实施。

实验室里不允许贮放大量易燃物。实验中一旦发生火灾，切不可惊慌失措，应保持镇静，首先立即切断室内一切电源和火源，然后根据具体情况正确地进行抢救和灭火。常用的方法如下：

（1）可燃液体着火时，应立即拿开着火区域内的一切可燃物质，关闭通风设备，防止扩大燃烧。

（2）酒精及其他可溶于水的液体着火时，不得用水灭火；汽油、乙醚、甲苯等有机溶剂着火时，应用石棉布或干沙扑灭，绝对不能用水，否则反而会扩大燃烧面积；金属钾、钠或锂着火时，绝对不能用水、泡沫灭火器、二氧化碳灭火器、四氯化碳灭火器等灭火，可用干沙、石墨粉扑灭。

（3）电器设备、导线等着火时，不能用水及泡沫灭火器，以免触电，应先切断电源，再用二氧化碳或四氯化碳灭火器灭火。

（4）衣服着火时，千万不要奔跑，应立即用石棉布或厚外衣盖熄，或者迅速脱下衣服；火势较大时，应卧地打滚以扑灭火焰。

（5）发现烘箱有异味或冒烟时，应迅速切断电源，使其慢慢降温，并准备好备用灭火器。千万不要急于打开烘箱门，以免突然供入空气助燃（爆），引起火灾；发生火灾时应注意保护现场，如为较大的着火事故应立即报警；若有伤势较重者，应立即送医院。

实验人员应熟悉实验室内灭火器材的位置和灭火器的使用方法。

---

① 炔烃生成的金属炔化物是以过渡金属为中心体，炔烃为配体形成的配位化合物，此类物质不易保存，实验后需要及时用盐酸和硝酸处理。

② 加氢反应常用于石油化工重油加氢、烯烃加氢等工序。

发生火灾时要做到“三会”：①会报火警；②会使用消防设施扑救初起火灾；③会自救逃生。

2. 爆炸事故的预防与处理

（1）某些化合物容易爆炸，如有机化合物中的过氧化物、芳香族多硝基化合物和硝酸酯、干燥的重氮盐、叠氮化物、重金属炔化物等均是易爆物品，在使用和操作时应特别注意。含过氧化物的乙醚蒸馏时，有爆炸的危险，事先必须除去过氧化物，可加入硫酸亚铁的酸性溶液除去过氧化物；芳香族多硝基化合物不宜在烘箱内干燥；乙醇和浓硝酸混合在一起，会引起极强烈的爆炸。

（2）仪器装置组装不正确或操作错误，有时会引起爆炸。常压蒸馏或加热回流的仪器必须与大气相通，在蒸馏时要注意不要将物料蒸干；在减压操作时，不能使用不耐外压的玻璃仪器（如平底烧瓶和锥形烧瓶等）。

（3）氢气、乙炔和环氧乙烷等气体与空气混合达到一定比例时，会生成爆炸性混合物，遇明火即会爆炸。因此，使用上述物质时严禁明火。

（4）对于放热量很大的合成反应，要小心地慢慢滴加物料，并注意冷却；同时，要防止因滴液漏斗的活塞漏液而造成事故。

3. 中毒事故的预防与处理

实验中的许多试剂都是有毒的，有毒物质往往通过呼吸吸入、皮肤渗入、误食等方式导致中毒。对中毒事故的预防和处理有如下几种方法：

（1）处理具有刺激性、恶臭和有毒的化学品，如 H_2S、NO_2、Cl_2、Br_2、CO、SO_2、SO_3、HF、浓硝酸、发烟硫酸、浓盐酸、乙酰氯等时，必须在通风橱中进行。通风橱开启后，不要把头伸入橱内，并保持实验室通风良好。

（2）实验中应避免手直接接触化学药品，尤其严禁手直接接触剧毒品，对沾在皮肤上的有毒物应当立即用大量清水和肥皂洗去，切莫用有机溶剂洗，否则只会加快化学药品渗入皮肤的速度。

（3）溅落在桌面或地面的有毒物应及时除去。如不慎损坏水银温度计，撒落在地上的水银应尽量收集起来，并用硫黄粉盖在水银撒落的地方。

（4）实验中所用剧毒物质由各课题组技术负责人负责保管，适量发给使用人员并要回收剩余物品。实验装有毒物质的器皿要贴标签注明，用后及时清洗；经常使用有毒物质实验的操作台及水槽要贴标签注明；实验后的有毒残渣必须按照实验室规定进行处理，不准乱丢。

（5）操作有毒物质的实验过程中，若感觉咽喉灼痛，嘴唇脱色、发绀，胃部痉挛，有恶心呕吐和心悸头晕等症状，可能是中毒所致，应视中毒原因施以下述急救后，立即送医院治疗，不得延误：①固体或液体毒物中毒者，有毒物质尚在嘴里的应立即吐掉，用大量水漱口；误食碱者，先饮大量水再喝些牛奶；误食酸者，先喝水再服用 $Mg(OH)_2$ 乳剂，最后喝些牛奶；不要用催吐剂，也不要服用碳酸盐或碳酸氢盐。②重金属盐中毒者，喝一杯含有几克 $MgSO_4$ 的水溶液后立即就医，不要服催吐剂，以免引起危险或使病情复杂化；砷和汞化物中毒者，必须紧急就医。③吸入有毒气体或蒸气者，应立即转移至室外，解开衣领和纽扣，呼吸新鲜空气；对休克者应施以人工呼吸并立即送医院急救，但不要用口对口法[①]。

4. 触电事故的预防与处理

实验中经常会使用到电炉、电热套[②]和电动搅拌机等电器设备，使用这类电器时，应防止人体与电器导电部分直接接触或石棉网金属丝与电炉电阻丝接触；不能用湿的手或手握湿的物体接触电插头；电热套内严禁滴入水等溶剂，以防止电器短路。为了防止触电，装置和设备的金属外壳等应连接地线。实验后应先关仪器开关，再将连接电源的插头拔下。检查电器设备是否漏电应该用试电笔，凡是漏电的仪器设备，一律不能使用。

发生触电时急救方法如下：关闭电源，用干木棍使导线与触电者分开，使触电者离开地面。必要时对触电者进行人工呼吸并送医院救治。急救时施救者必须做好防触电的安全措施，手或脚必须绝缘。

5. 实验室其他事故的急救知识

（1）玻璃割伤。一般轻伤应及时挤出污血，并用消过毒的镊子取出玻璃碎片，用蒸馏水洗净伤口，涂上碘酒，再用创可贴或绷带包扎；大伤口应立即用绷带扎紧伤口上部，使伤口停止流血，立即送医院就诊。

（2）烫伤。被火焰，蒸气，红热的玻璃、铁器等烫伤时，应立即对伤口用大量水冲洗或浸泡，从而迅速降温，避免高温灼伤；对轻微烫伤，可在伤处涂些鱼肝油或烫伤油膏或万花油后包扎；若皮肤起泡（二级灼伤），不要弄破水泡，防止感染，应用纱布包扎后送医院治疗；若伤处皮肤呈棕色或黑色（三级灼伤），应用干燥而无菌的消毒纱布轻轻包扎好，急送医院治疗。

（3）被酸、碱或酚液灼伤。①皮肤被酸灼伤要立即用大量流动清水冲洗（但皮肤被浓硫酸沾污时切忌先用水冲洗，以免硫酸水合时强烈放热而加重伤势，应先用干抹布吸去浓硫酸，然后再用清水冲洗），彻底冲洗后可用2%～5%的碳酸氢钠溶液或肥皂水进行中和，最后用水冲洗，涂上药品凡士林。②被碱液灼伤要立即用大量流动清水冲洗，再用2%的醋酸溶液或3%的硼酸溶液进一步冲洗，最后用水冲洗，再涂上药品凡士林。③被酚灼伤时立即用30%的乙醇溶液擦洗数遍，再用大量清水冲洗干净，然后用硫酸钠饱和溶液湿敷4～6小时。由于酚用水配成1∶1或2∶1浓度时瞬间可使皮肤损伤加重而增加酚吸收，故不可先用水冲洗污染面。受上述试剂灼伤后，若创面起水泡，均不宜把水泡挑破；重伤者经初步处理后，急送医院治疗。

（4）酸液、碱液或其他异物溅入眼中。①酸液溅入眼中，应立即用大量水冲洗，再用1%的碳酸氢钠溶液冲洗。②若为碱液，立即用大量水冲洗，再用1%的硼酸溶液冲洗。洗眼时要保持眼皮张开，可由他人帮助翻开眼睑，持续冲洗15分

---

① 人工呼吸有两种方法，一是口对口，二是口对鼻。这里的意思是不要采用口对口人工呼吸法。

② 电热套是实验常用的加热仪器。

钟。重伤者经初步处理后立即送医院治疗。③若木屑、尘粒等异物溅入眼中，可由他人翻开眼睑，用消毒棉签轻轻取出异物，或任其流泪，有时碎屑会随泪水流出，待异物排出后，再滴入几滴鱼肝油。若玻璃屑进入眼睛内，这是比较危险的，这时要尽量保持平静，绝不可用手揉擦，也不要让别人翻眼睑，尽量不要转动眼球，可任其流泪，用纱布轻轻包住眼睛后，立即由他人急送医院处理。

（5）误服强酸性腐蚀毒物者，先饮大量的水，再服氢氧化铝膏、鸡蛋白；误服强碱性毒物者，最好先饮大量的水，然后服用醋、酸果汁、鸡蛋白。不论酸或碱中毒都需灌注牛奶，不要吃催吐剂。水银容易由呼吸道进入人体，也可以由皮肤直接吸收而引起积累性中毒，严重中毒的症状是口中有金属气味，呼出气体也有气味，流唾液，牙床及嘴唇上有硫化汞的黑色，淋巴腺及唾液腺肿大。若不慎中毒，应送医院急救。急性中毒时，通常用碳粉或催吐剂彻底洗胃，或者食入蛋白（如1升牛奶加3个鸡蛋清）或蓖麻油解毒并使之呕吐。

10.4 实验室急救箱

实验室医药箱内一般有下列急救药品和器具：医用酒精、碘酒、红药水、紫药水、止血粉、凡士林、烫伤油膏（或万花油）、1%的硼酸溶液或2%的醋酸溶液、1%的碳酸氢钠溶液等；医用镊子、剪刀、纱布、药棉、棉签、创可贴、绷带等。

医药箱专供急救用，不允许随便挪动，平时不得动用其中的药品和器具。

第11章 化工材料及其使用安全介绍

由于学生在实验室和工厂会接触到化工材料，因而在介绍实验室安全之后，本章就学生实践过程中接触的部分工艺和材料及其特点进行介绍，以便学生加深了解并结合前面章节的内容思考如何进行安全管理和防护。

11.1 瓷抛砖与抛釉砖的区别

许多人知道瓷抛砖与抛釉砖是不同的，它们分属两个完全不同的瓷砖品类。但是，瓷抛砖与抛釉砖到底有哪些不同，多数人可能并不清楚。其实，二者有着种种区别，包括工艺流程的区别、瓷砖微观结构的区别、原料结构的区别、色彩的区别、耐磨性的区别、光泽度的区别、耐化学腐蚀性的区别、技术成熟度的区别等。

11.1.1 从工艺流程看

1. 瓷抛砖的工艺流程

瓷抛砖的工艺流程分为两种：

(1) 干法：二次布料（砖坯上布薄料）—压制—干燥—表面装饰（喷墨渗花、上效果釉等）—烧成 —抛光—防污处理。

(2) 湿法：布料—压制—干燥—淋浆—干燥—表面装饰（喷墨渗花、上效果釉等）—烧成—抛光—防污处理。

2. 抛釉砖的工艺流程

抛釉砖的工艺流程为：布料—压制—干燥—施面（底）釉—表面装饰（丝网印花、胶辊印花、喷墨打印）—上透明釉（效果釉）—烧成—抛光—防污处理。

11.1.2 从瓷砖结构看

瓷抛砖的结构是：坯体 + 瓷质层。瓷质层是表面装饰（渗透墨水、助渗剂）后的精细粉料。

抛釉砖的结构是：坯体 + 面（底）釉 + 墨水或色釉 + 透明釉（效果釉）。

在抛光阶段，瓷抛砖抛的是烧成后的瓷质层，抛釉砖则是抛釉层（透明釉）。

11.1.3 从瓷质层和釉层看

1. 从原料结构看

瓷质层采用比普通粉料更加精细的精制粉料。渗透墨水则是自然界可发色的元素如钴、镍、钛、铜、铁等直接离子化，经化学法与有机溶剂（发色剂）结合，变成有色溶液，然后在烧成的过程中氧化发色。其中，以多孔的纳米 SiO_2 为发色剂。助渗剂起到克服表面张力、帮助墨水向下渗透到精细粉料层的作用。

釉层为透明釉，釉主要是长石类熔剂、熔块与助熔剂。其中，助熔剂能促进高温分化反应，调节釉层物化性能。

2. 从微观结构看

（1）瓷质层。喷墨渗花后瓷抛砖表面为立体渗花的瓷质层。瓷质层烧结后致密，显微结构显示有莫来石、玻璃相、石英和气孔。瓷质层中的黏土和玻璃相都会形成莫来石。与玻璃相相比，莫来石有较高的力学强度，尤其是网状的莫来石强度最高。莫来石构成瓷质层中玻璃相的骨架，明显改变瓷质层的强度。

（2）釉层。抛釉砖产品表面为平面印花（或喷墨打印），后施加透明釉层。烧成后，釉层的显微结构由大量的玻璃相、少量的残留以及析出的晶体、气泡组成。氧化物（如 SiO_2）在釉层中以四面体的形式互相结合为不规则网络结构。

11.1.4 从其他性能看

瓷抛砖和抛釉砖都有较高的机械强度、防污性能，但在耐磨性和耐化学腐蚀等性能上存在如下差别：

（1）色彩。从颜色种类上看，喷墨渗花在现阶段颜色还不够丰富、齐全，抛釉砖产品的发色种类多于喷墨渗花且纹理更加细腻。

从花色的视觉效果上看，喷墨渗花工艺是在瓷质层内部发色，花色立体感更强；但由于墨水渗透到精细料层后有一定的扩散，因而抛光后细节有一定的变化。所以花色与相互堆叠的超细粉墨水在细节的表现力上尚有一定的差距。两者各有优势。

（2）耐磨性。瓷抛砖表面为致密瓷质层，耐磨性良好，莫氏硬度达到 5.5 ～ 6.0，能应用于包括商业场所在内的所有场合。抛釉砖产品表面为玻璃质透明釉，硬度较低（莫氏 5 度以下），耐磨度也较低。故耐磨性方面，瓷抛砖强于抛釉砖。

（3）光泽度。瓷抛砖的光泽度是光线碰到瓷质层漫反射回到眼睛，保证观看美感的同时，不刺激眼球。抛釉砖的光泽度则是光线通过釉层碰到坯体后一部分反射回到眼睛，属于光的镜面反射。在仪器测量光泽度相同的情况下，人体感官方面，瓷抛砖好于抛釉砖。

（4）耐化学腐蚀性。精细粉料在经过高温烧结后形成致密瓷质层，耐化学腐蚀性能良好。而釉层与水、酸、碱接触时，会不同程度地与这些介质发生离子交换、溶解或吸附反应，其侵蚀机理与玻璃相似。首先，反应在网络结点上的离子与溶液中的离子之间进行，接着，从釉中萃取出阳离子，破坏其 Si—O 键等，所以透明釉玻璃质耐化学腐蚀性能稍差。耐化学腐蚀性方面，瓷抛砖优于抛釉砖。

11.2 电致调光玻璃的原理、性能及应用

11.2.1 电致调光玻璃的原理

1. 利用电压改变液晶分子排列调光

液晶调光玻璃是在两片玻璃间夹一液晶薄膜层，当通电时，根据液晶晶体重新排列的优良性能，可随入射光的强弱随时调节透光率，满足会议室、接待厅、放映厅等的采光要求。

液晶调光玻璃的基本结构是在玻璃基体中分散一些几微米大小的液晶分子，夹在透明的导电膜之间，形成一种特殊的夹层结构。其调光原理如图 11－1 所示。

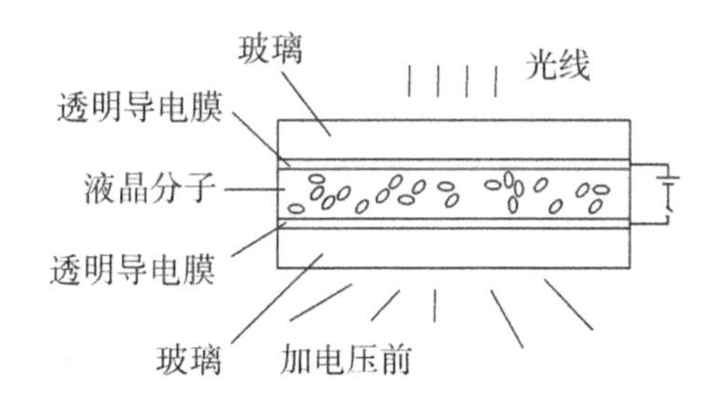

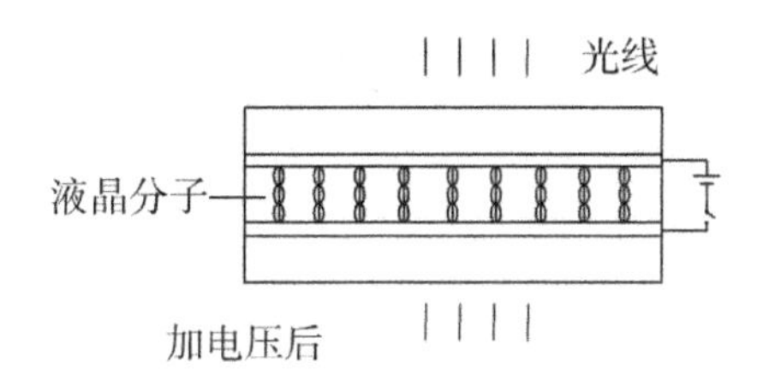

图 11－1 液晶调光玻璃的调光原理

当无外加电压作用时，液晶分子呈无规则排列，当光照射到玻璃时，光线受到强烈的散射作用，因而玻璃的透明性消失；当在两层透明的导电膜之间施加电压后，液晶分子对玻璃面呈定向排列，光线能直接透过，玻璃显现透明性。

近年来，液晶显示技术在不断地更新和发展中，其中，最新发展起来的能够显示信息的平板器技术是聚合物分散液晶薄膜技术。它的基本工作原理就是通过某种方法使液晶分子以微粒的形态分散在聚合物基体中，每一液晶微粒的光轴处于择优取向，而不同微粒的光轴呈随机取向状态，由于其折射率各向异性，因此，其有效的折射率不与基体的折射率相匹配，对外来入射光呈散射状态，因而不透明或半透明。在足够强的外加电场作用下，所有微粒内的液晶分子都沿电场

取向，这时液晶的寻常折射率对光线起作用，当其值与基体的折射率较为匹配时，则呈现透明状态。撤掉外电场，在基体墙壁弹性能的作用下，微粒又恢复到最初的散射状态。这种工艺技术制作较为简单，制作成本较低，但其饱和驱动电压较高，一般在 30 V 以上。

2. 利用电场变化改变透过率

利用电场变化改变透过率这一原理调光的玻璃由基体玻璃和电致变色系统组成。利用电致变色材料在电场作用下引起光的透过性能的可调性，可实现由人的意愿调节光照度的目的；同时，电致变色系统通过选择性地吸收或反射外界热辐射，冬天阻止热扩散，夏天反射热辐射，可减少办公楼和民用住宅等建筑物在夏季保持凉爽和冬季保持温暖而耗费的大量能源。

材料在外电场或电流作用下，发生可逆的色彩变化的现象，称为电致变色现象，简称电色现象。具有这种电色现象特性的材料称为电色材料，即在电化学反应条件下，对可见光吸收有重大改变的材料。电色材料一般可分为三大类，即过渡金属氧化物、有机物以及插入式化合物。

过渡金属氧化物是电色材料中研究和使用最普遍的一类。这类化合物中的金属离子电子层结构不稳定，在一定的条件下，离子的价态发生可逆变化，形成多价态离子混合共存状态。随着离子的价态和浓度发生变化，材料对可见光谱吸收发生变化，进而引起颜色变化。具有优异的电致变色效应的材料有 WO_3、MoO_3 等。有机物主要是导电聚合物类、金属有机聚合物类和金属酞花菁类。插入式是指在分子式中插入某个基因。

电致变色玻璃的典型结构如图 11－2 所示，两块基体玻璃中间夹着五层电致变色材料。透明导电层的作用是与基体玻璃构成导电玻璃；电致变色层又称工作电极，在外电场作用下使玻璃发生着色与褪色变化；电解质层只允许离子通过，用于传导变色过程；对电极层起平衡离子的作用，提供和存储变色所需离子。

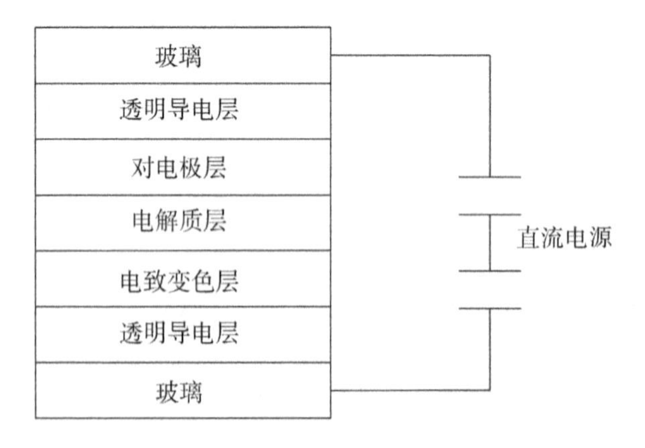

图 11－2　电致变色玻璃的结构示意

11.2.2 电致调光玻璃的性能

1. 调光性

调光玻璃可以使大部分可见光透过，而使低于可见光波长的紫外线尽可能少地透过，因为紫外线虽然能量不高，但对人体健康不利；波长高于可见光的红外线具有高的能量，这部分能量的透过率最好能得到控制。调光玻璃的遮阳系数是可以调节的，在不同的条件下玻璃可自由地调节为透明或不透明状态，从而调节室温：夏季，可保证采光，避免日晒，而且玻璃模糊状态还能反射除去大部分有害光线；冬季，可保温防寒，防止室内热能散失。

2. 节能性

在建筑节能设计中，仅门窗节能就占了很大的比重，而无论是木窗、钢窗、铝合金窗，还是塑钢窗，都要使用玻璃，玻璃占到窗户总面积的70%以上，因此，建筑节能不能不考虑玻璃的性能。使用普通的单片玻璃门窗，冷、暖气外溢快，能源消耗大，浪费开支。如果加装调光玻璃，冬天可以提高居室温度6 ℃以上，降低了制热的费用，可减少40%以上的能源开支；夏天可以隔热，降低制冷的费用。玻璃厚度比单层玻璃减少了35%，比中空玻璃减少了15%，其节能效果和经济效益十分明显。节能意味着减少了燃煤发电的消耗，减少了CO_2等气体的排放，减少了环境污染。

3. 舒适性

调光玻璃不仅能调节光线的透过率使得室内温度让人感到舒适，其外观也给人舒适、柔和的感觉，不像普通玻璃给人冰冷的感觉。

现代先进的调光玻璃不但具有调光性，而且还具有安全性、节能环保性、隔音性、防盗性、高强度性、热稳定性等诸多优点，调光玻璃的综合性能越来越强。

例如，真空夹层智能安全调光玻璃就是一种综合性能很强的调光玻璃。它一般由两片玻璃组成，单位面积玻璃质量大，加之真空层的作用，其隔音性能优良，可让室内安静、舒适。在高层建筑上用真空夹层智能安全调光玻璃代替部分砖墙或混凝土墙，不但可以增加采光，增加房间内的舒适感，而且可以减轻建筑物的重量，简化建筑结构。此外，与双层玻璃窗户相比，真空夹层智能安全调光玻璃只需要一套窗框及少量的边框材料，且隔音、隔热性能要优于双层窗户，而其造价比双层窗户要低。

11.2.3 调光玻璃的应用

基于上述性能，调光玻璃在建筑、交通工具及其他领域广泛应用。例如，用于门窗、隔墙、幕墙、橱窗、家具，以及汽车、火车及飞机等交通工具。

1. 商务应用

高级写字楼、会议室使用调光玻璃，可以瞬间把玻璃调成不透明状态，保护会议过程的隐蔽性，而且由于一些调光玻璃采用了真空设计，能阻隔外部噪音干扰。高层建筑物上使用这种玻璃可以有效阻隔水汽、雾气，减少对调光玻璃的腐蚀，起到了很好的保护作用。

2. 住宅应用

住宅建筑的外墙、阳台、飘窗等采用调光玻璃，可对楼宇林立、人皆可窥的私密性较差的环境做出革命性改善。日常情况下，可将调光玻璃调节到透明状态，保持透亮的采光；需要私密性时，可调节到不透明状态，却依然有良好的采光。有真空层的调光玻璃具有超凡的隔热保温性能，使用它作为窗户玻璃，从窗户玻璃耗散的能量减少，冬天房间可以迅速升温，室内暖气不易散失，夏天室内空调冷气不易外逸，真正做到冬天不冷、夏天不热，节省了冷、暖气的使用费用，节约了能源。

3. 医疗机构的应用

在医疗机构，由于调光玻璃可以瞬间改变玻璃的通透状态，调成不透明可以消除就诊者的紧张感，保护其隐私；同时，还可省去安装窗帘及清洗的烦琐，具有环保、清洁、不易污染的优点。除此之外，玻璃中的钢化层对玻璃有很好的保护作用，能有效防止玻璃的意外破碎。

4. 特殊领域的应用

在金融、军事、公安等特殊领域，因为钢化玻璃层的保护作用结合了调光层的调光作用，所以，一旦遇到危险可远程遥控，瞬间改变玻璃的通透状态，从容面对危机，最大限度地保障人身和财产的安全。由于玻璃中间的真空层具备优异的隔热保温性能，因而即使室外温度很低，室内窗户玻璃一侧也很难结霜，从而保证了视野的清晰，不用经常清洗因结霜淌水而污染的里墙、地面，避免损伤窗框。

5. 公共设施的应用

在公用电话亭等公共场所，人们处在相对透明的环境，而使用这种真空夹层智能安全调光玻璃可以瞬间改变通透状态，保护人们的隐私，同时还可有效阻隔外界的噪音，给人们带来很大的方便。除此之外，调光玻璃还可以应用于别墅、汽车、商场、宾馆的采光窗，以及冰箱门、展示柜等一切需要隐蔽、保温、节能、安静的场所或设施。

11.3 润滑油调和及加工工艺

润滑油调和大部分为液－液相互相溶解的均相混合，个别情况下也有无法互溶的液－液相系，混合后形成液－液分散体；当润滑油添加剂是固体时，则为液－固相系的非均相混合或溶解。固体的添加剂为数并不多，而且最终互溶，形成均相。

一般认为，液－液相系均相混合是以三种扩散机理综合作用的：

(1) 分子扩散。分子扩散是由分子的相对运动引起的物质传递。这种扩散是在分子尺度的空间进行的。

（2）涡流扩散。涡流扩散是当机械能传递给液体物料时，在高速流体和低速流体界面上的流体受到强烈的剪切作用，形成大量的涡旋，由涡旋分裂运动引起的物质传递。这种混合过程是在涡旋尺度的空间进行的。

（3）主体对流扩散。主体对流扩散是包括一切不属于分子运动或涡旋运动而使较大范围的液体循环流动引起的物质传递，如搅拌槽内对流循环所引起的传质过程。这种混合过程是在大尺度空间进行的。

11.3.1 间隙调和

1. 机械搅拌调和

机械搅拌调和是被调和物料在搅拌器的作用下进行主体对流扩散、涡流扩散和分子扩散传质，使全部物料性质达到均一的过程。搅拌罐内物料在搅拌器转动时产生两个方向的运动：一是沿搅拌器的轴线方向向前运动，当受到罐壁或罐底的阻挡时，改变运动方向，经多次变向后，最终形成近似圆周的循环流动；二是沿搅拌器桨叶的旋转方向形成圆周运动，不断翻滚，最终达到混合均匀的目的。

2. 泵循环搅拌调和

泵循环搅拌调和是用泵不断地将罐内物料从罐底部抽出，再返回调和罐，物料在泵的作用下形成主体对流扩散和涡流扩散，最终调和均匀的过程。为了提高调和效率，降低能耗，在实际生产中不断对泵循环调和的方法进行改进。主要有以下两种方法：

（1）泵循环喷嘴搅拌调和。即在油罐内增设喷嘴，被调和物料经过喷嘴的喷射，形成射流混合。高速射流穿过罐内物料时，一方面，可以推动其前方的流体流动形成主体对流运动；另一方面，在高速射流作用下，射流边界可形成大量涡流使传质加快，从而大大提高混合效率。这种混合方法适用于中低黏度油品的调和。

（2）静态混合器调和。即在循环泵出口、物料进入调和罐之前增加一个合适的静态混合器。用静态混合器强化混合，可大大提高调和效率，一般可比机械搅拌缩短一半以上的调和时间，而调和的油品质量也优于机械搅拌。

11.3.2 连续调和

连续调和是把被调和的润滑油各组分，包括所需要的各种基础油和添加剂，按产品开发时确定的比例同时送入调和总管和混合器，均匀混合的油品从另一端出来，其理化指标和使用性能即可达到预定要求，油品直接灌装或进入成品油罐储存。

连续调和装置一般由下列部分组成：

（1）基础油、添加剂组分罐和成品油罐。

（2）组分通道。每一个通道应包括配料泵、计量表、过滤器、排气罐、控制阀、温度传感器、止回阀、压力调节阀等。组分通道的多少由调和油品的组分数而定，一般5～7个，也可再多一些；通道的口径和泵的排量由装置的调和能力和组分比例而定，各组分通道的口径和泵的排量是不同的。

（3）总管、混合器和脱水器。各组分通道出口均与总管相连，各组分按预定的准确比例汇集到总管。混合器也叫均质器，物料在此被混合均匀，其可为静态的，也可为电动型的。脱水器将油品中的微量水脱除，一般为真空脱水器，也有采用其他形式的。

（4）在线质量分析仪表。主要是黏度表、倾点表、闪点表和比色表，尤其是在采用质量闭环控制或优化控制调和时，必须设置在线质量分析仪表。

（5）自动控制和管理系统。根据控制管理水平的要求，可选用不同的计算机及辅助设备。

11.3.3 两种调和工艺的比较

间隙调和是把定量的各组分依次或同时加入到调和罐中，加料过程中不需要度量或控制组分的流量，只需确定最后的数量。当所有的组分配齐后，调和罐便可开始搅拌，使各组分混合均匀。调和过程中可随时采样化验分析油品的性质，也可随时补加某种不足的组分，直至产品完全符合规格标准。这种调和方法的工艺和设备比较简单，不需要精密的流量计和高度可靠的自动控制手段，也不需要在线的质量检测手段，因此，建设这种调和装置所需投资少，易于实现。此种调和装置的生产能力受调和罐体积的限制，只要选择合适的调和罐，就可以满足一定生产能力的要求；但劳动强度大。

连续调和是把全部调和组分以正确的比例同时送入调和罐进行调和，从管道出口即可得到质量符合规格要求的最终产品。这种调和方法需要有满足调和要求的连续调和器，有能够精确计量、控制各组分流量的计量器和控制设备，还要有在线质量分析仪表和计算机控制系统。由于连续调和方法具备上述先进的设备和手段，所以可以实现优化控制，合理利用资源，减少不必要的质量过剩，从而降低成本。连续调和顾名思义是连续进行的，其生产能力取决于组成调和成品油罐容量的大小。

综上所述，间隙调和适合批量少、组分多的油品调和，在产品品种多、缺少计算机装备的条件下更能发挥其作用；而生产规模大、品种和组分数较少，又有足够的吞吐储罐容量时，连续调和更有优势。一般情况下，间隙调和设备简单，投资较少；连续调和设备相对投资较大。至于具体的调和厂采用何种调和方法，需做具体的可行性研究，进行技术、经济分析后再确定。

11.3.4 影响调和质量的因素

影响润滑油调和质量的因素很多，调和设备效率、调和组分的质量等都直接影响调和的油品质量。这里主要分析工艺和操作因素对调和后油品质量的影响。

1. 组分的精确计量

无论是间隙调和还是连续调和，精确的计量都是非常重要的。精确的计量是各组分投料时比例正确的保证。间隙调和虽然不要求投料时精确计量流量，但要保证投料最终的数量精确。组分流量的精确计量对连续调和来说是至关重要的，流量计量不准，将导致组分比例失调，进而影响调和产品的质量。连续调和系统的优劣，除调和器外，就取决于该系统的计量精确的程度及控制的可靠性，该系统应该确保在调和总管的任何部位取样，其物料的配比都是正确的。

2. 组分中的含水量

组分中含水会直接影响调和产品的浑浊度和油品的外观，有时还会引起某些添加剂的水解，从而降低添加剂的使用效果，因此，应该防止组分中混入水分。但在实际生产中，系统有水是难免的。为了保证油品的质量，连续调和器应负压操作，以脱除水分，或采用在线脱水器。

3. 组分中的空气

组分中和系统内混有空气是不可避免的，而空气对调和是非常有害的。空气的存在不仅可能促进添加剂的氧化和油品的变质，而且气泡的存在会导致组分计量不准确，影响组分的正确配比，因为一般使用的计量器是容积式的。为了消除空气的不良影响，在管道连续调和装置中，不仅调和器负压操作，而且在辅助泵和配料泵之间安装自动空气分离罐，当组分通道内有气体时配料泵自动停机，直到气体从排气罐排完，配料泵才自动开启，从而保证计量的准确。

4. 调和组分的温度

要选择适宜的调和温度，温度过高可能引起油品和添加组分的氧化，温度偏低会使组分的流动性能变差而影响效果，一般以 55 ～65 ℃为宜。

5. 添加剂的稀释

有些添加剂非常黏稠，使用前必须加热、稀释，调制成合适浓度的添加剂母液；否则，既可能影响调和的均匀程度，又可能影响计量的精确度。但添加剂母液不应加入太多的稀释剂，以免影响润滑油的产品质量。

6. 调和系统的清洁度

调和系统内存在的固体杂质和非调和组分的基础油和添加剂等，都是对系统的污染，可能造成调和产品质量不达标，因此，润滑油调和系统要保持清洁。从经济上看，无论是连续调和还是间隙调和，一个系统只调和一个产品的可能性是极小的，因此，非调和组分对系统的污染无法避免。连续调和采用空气（氮气）反吹处理系统，间隙调和在必要时则必须彻底清扫系统。实际生产中，一方面，应尽量清理污染物；另一方面，则应安排质量、品种相近的油品在一个系统中调和，以保证调和产品的质量。

11.4 塑料制品生产工艺流程

根据塑料的性能，使其成为具有一定形状和使用价值的塑料制品，是一项繁重的工作和复杂的过程。（见图 11 －3）塑料制品工业生产中，其生产系统主要是由塑料的成型、机械加工、装饰和装配四个连续的过程组成的。

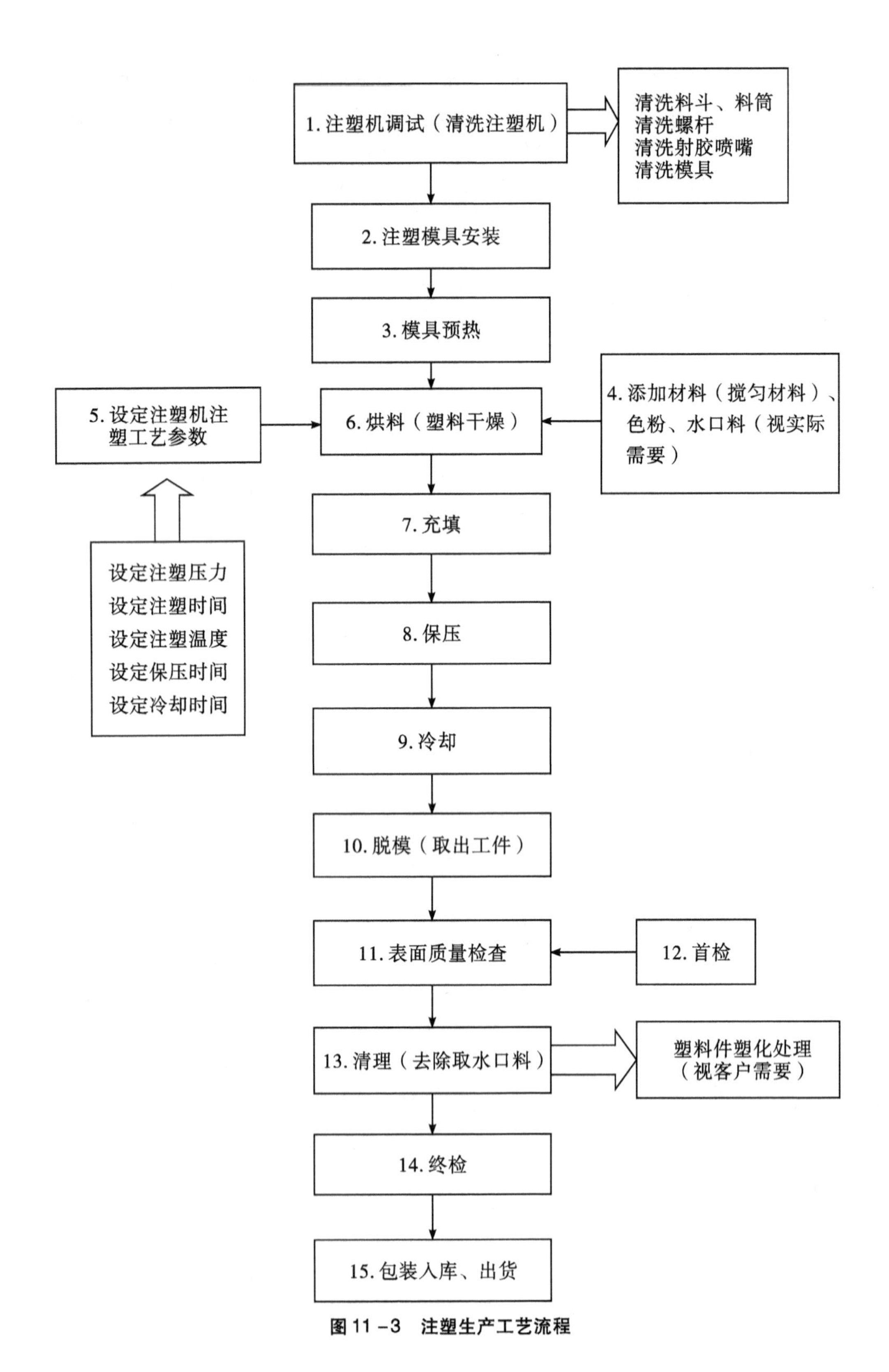

图 11－3　注塑生产工艺流程

在这四个过程中，成型是塑料加工的关键。成型的方法有30多种，主要是将各种形态的塑料（粉、颗粒、溶液）制成所需形状的制品或坯件。成型方法主要取决于塑料的类型（热塑性还是热固性）、初始形态以及制品的外形和尺寸。加工热塑性塑料常用的方法有挤出、注射、压延、吹塑和热成型等；加工热固性塑料一般采用模压、传递模塑成型，也用注射成型。层压、模压和热成型是使塑料在平面上成型。此外，还有以液态单体或聚合物为原料的浇铸等。上述塑料加工的方法均可用于橡胶加工。在这些方法中，挤出成型和注射成型用得最多，这两种也是最基本的成型方法。

塑料机械加工是借用金属和木材等的加工方法，制造尺寸很精确或数量不多的塑料制品，也可作为成型的辅助工序，如挤出型材的锯切等。由于塑料的性能与金属和木材不同，热导性差，热膨胀系数、弹性模量低，当夹具或刀具加压太大时，易引起变形，切削时受热易熔化，且易黏附在刀具表面上，因此，对塑料进行机械加工时，所用的刀具及相应的加工参数等都要适应塑料的特点。常用的机械加工方法有锯、剪、冲、车、刨、钻、磨、抛光、螺纹加工等。此外，塑料也可用激光截断、打孔和焊接。

塑料制品生产之接合加工是把塑料件接合起来的方法，有焊接和粘接两种。焊接法是使用焊条的热风焊接，主要有使用热极的热熔焊接、高频焊接、摩擦焊接、感应焊接、超声焊接等；粘接法可按所用的胶黏剂分为熔剂、树脂和热熔胶粘接。

塑料制品生产之表面修饰的目的是对塑料制品的表面进行处理，通常包括：①机械修饰，即用锉、磨、抛光等工艺去除制件上的毛边、毛刺，以及修正尺寸等；②涂饰，包括用涂料涂敷制件表面，用溶剂使表面增亮，用带花纹的薄膜贴覆制品表面等；③施彩，包括彩绘、印刷和烫印；④镀金属，包括真空镀膜、电镀以及化学法镀银等；⑤塑料加工烫印，即在加热、加压下，将烫印膜上的彩色铝箔层（或其他花纹膜层）转移到制件上。许多家用电器及家具等都用此法获得金属光泽或木纹等图案。

装配是用黏合、焊接以及机械连接等方法，使制成的塑料件组装成完整的制品的过程。例如，塑料型材经过锯切、焊接、钻孔等步骤组装成塑料窗框和塑料门。

11.5 涂料生产工艺及设备介绍

11.5.1 涂料产品介绍

常见涂料及相关成分主要有：聚氨酯、环氧、有机硅、乙烯类、丙烯酸类、醇酸、酚醛、沥青类。

11.5.2 涂料生产工艺

（1）涂料的基本组成主要有：树脂、颜料、溶剂、助剂。

（2）涂料制造流程：预分散→研磨→混合调整→调色→检测→过滤→装罐。

（见图 11 −4）

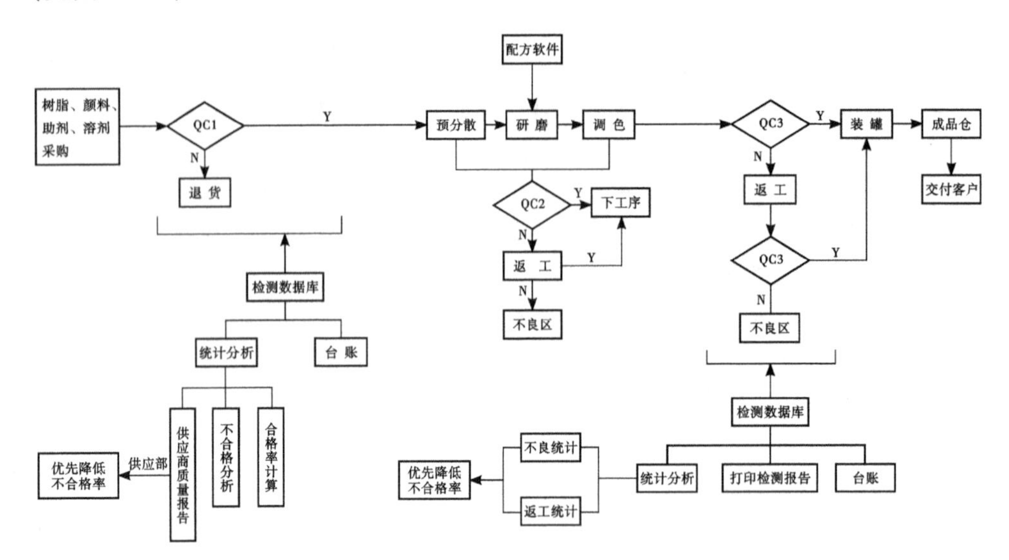

QC1 是原材料检验；QC2 是工艺检控；QC3 是成品检验

图 11 −4　涂料制造流程

11.5.3　涂料生产设备

1. 预分散设备

预分散可使颜料与部分漆料混合，变成颜料色浆半成品，是色浆生产的第一道工序。其目的是：①使颜料混合均匀；②使颜料得到部分湿润；③初步打碎大的颜料聚集体。预分散以混合为主，起部分分散作用，为下一步研磨工序做准备。预分散效果的好坏直接影响研磨分散的质量和效率。

预分散所用的设备主要是高速分散机。高速分散机除用作分散设备外，还可用作色漆生产设备。比如生产色漆的颜料属于易分散颜料，或者对色漆细度要求不高，这时，可直接用高速分散机分散色漆。

落地式高速分散机由机身、传动装置、主轴和叶轮组成。（见图 11 −5）高速分散机的关键部件是锯齿圆盘式叶轮。（见图 11 −6）叶轮直径与选用的搅拌槽大小有直接关系，经验数据表明，搅拌槽直径 ϕ 为（2.8 ～4.0）D（D 为叶轮直径）时，分散效果最理想。叶轮的高速旋转使漆浆呈现滚动的环流，并产生一个很大的漩涡，在叶轮边缘 2.5 ～5.0 cm 处形成一个湍流区，在这个区域，颜料粒子受到较强的剪切和冲击作用，很快分散到漆浆中。叶轮圆周速度大约为 20 m/s 时，叶轮的转速便可使分散获得满意的效果。转速过高，会造成漆浆飞溅，增加功率消耗。一般情况下，叶轮最大转速 v_{max} 为 30 m/s。

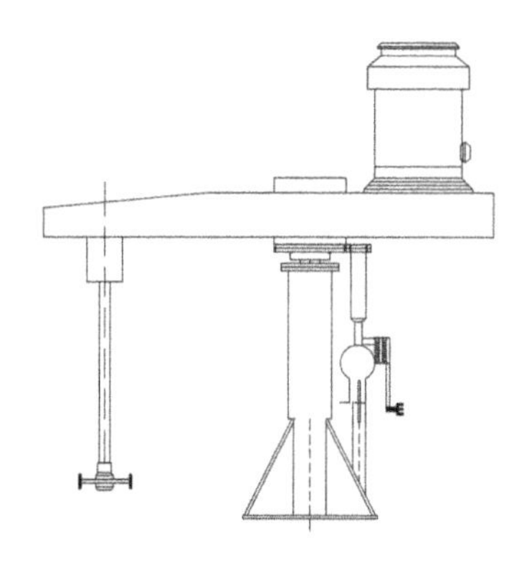

图11－5　落地式高速分散机外形

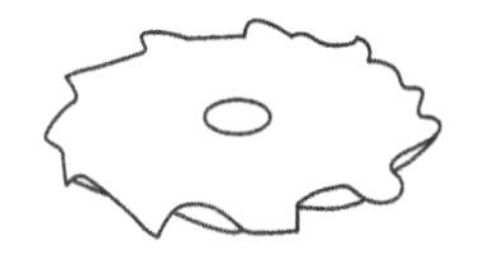

图11－6　高速分散机叶轮示意

2. 研磨分散设备

研磨分散设备是涂料生产的主要设备，可分为两类：一类带研磨介质，如砂磨机、球磨机；另一类不带研磨介质，依靠研磨力进行分散，如三辊机、单辊机等。带研磨介质的设备依靠研磨介质（如玻璃珠、钢珠等）在冲击和相互滚动或滑动时产生的冲击力和剪切力进行研磨分散，通常用于流动性好的中、低黏度漆浆的生产。该方法具有产量大、分散效率高的特点。不带研磨介质的研磨分散设备可用于黏度很高，甚至成膏状的物料的生产。这里主要介绍一种立式砂磨机。立式砂磨机的外形结构如图11－7所示，由机身、主电机、传动部件、筒体、分散器、送料系统和电器操纵系统组成。砂磨机的原理如图11－8所示。

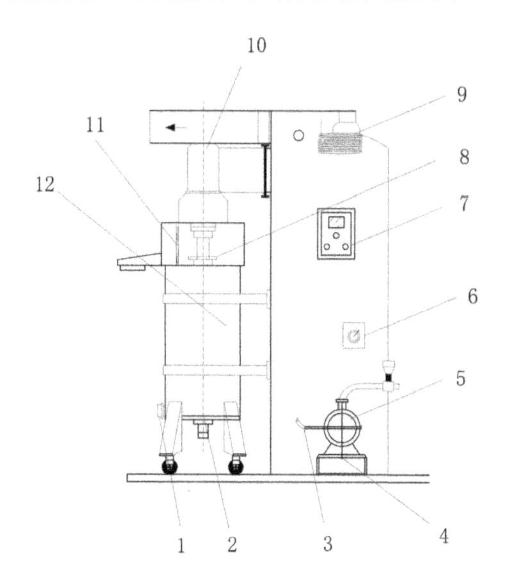

1—放料放砂口；2—冷却水进口；3—进料管；4—无级变速器；5—送料泵；6—调速手轮；7—操纵按钮板；8—分散器；9—离心离合器；10—轴承座；11—筛网；12—筒体

图11－7　立式砂磨机结构示意

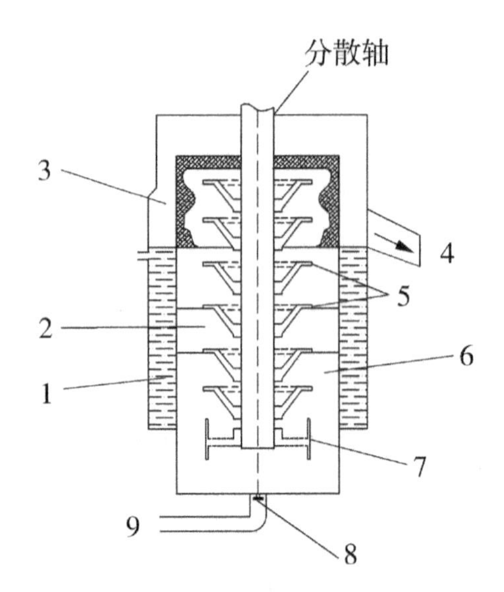

1—水夹套；2—夹在两分散盘之间漆浆的典型流形（双圆环形滚动研磨作用）；3—筛网；4—分散后漆浆出口；5—分散盘；6—漆浆和研磨介质混合物；7—平衡轮；8—底阀；9—经预分散的漆浆的进口

图 11－8　常规砂磨机原理示意

经预分散的漆浆由送料泵从底部输入，流量可调节，底阀是个特制的单向阀，可防止停泵后玻璃珠倒流。当漆料送入后，启动砂磨机，分散轴带动分散盘高速旋转，分散盘外缘圆周速度达到 10 m/s 左右（分散轴转速在 600 ～1500 r/min 之间）。靠近分散盘的漆浆和玻璃珠受到黏度阻力作用随分散盘运转，被抛向砂磨机的筒壁，又返回中心，颜料粒子因此受到剪切和冲击，分散在漆料中。分散后的漆浆通过筛网从出口溢出，玻璃珠被筛网截流。

如果漆浆经一次研磨分散后仍达不到细度要求，可再次经砂磨机研磨，直到合格为止；也可将几台（2 ～5 台）砂磨机串联使用。使用砂磨机后漆浆颗粒在 20 μm 左右。玻璃珠直径 1 ～3 mm，因受磨损，应经常清洗、过筛、补充。砂磨机在运转过程中，因摩擦会产生大量的热，因此在机筒外做成夹套式，通冷水冷却。实验室砂磨机的容量一般小于 5 L，生产用砂磨机为 40 ～80 L，上述值是以砂磨机筒体的有效容积来衡量的，以 40 L 砂磨机为例，其生产能力一般每小时可加工 270 ～700 kg 漆浆。

3．调漆设备

除前面提到的高速分散机可用来调漆配色外，大批量生产时，一般用调漆罐，也就是平常所说的调色缸来调漆。调漆罐安装在高于地面的架台上，其结构相对简单，由搅拌装置、驱动电机、搅拌槽等部分组成。（见图 11－9）搅拌桨可安装在底部及侧面，电机可单速或多速。

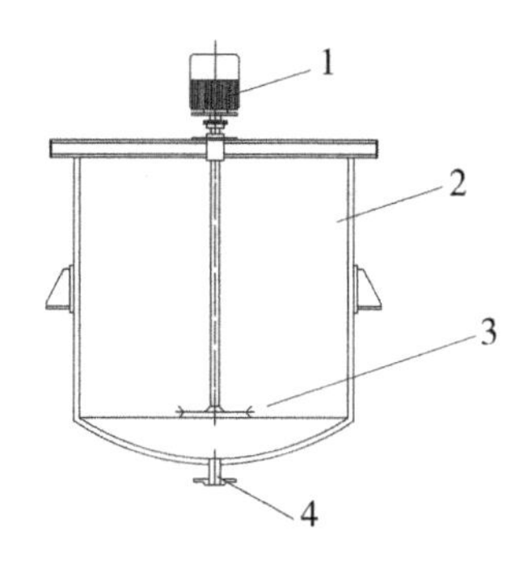

1—驱动电机；2—搅拌槽；3—锯齿圆盘式桨叶；4—出料口

图11－9　电动机直联的高速调漆罐示意

4. 过滤设备

漆料在生产过程中不可避免地会混入飞尘、杂质，有时还会产生漆皮，在出厂前，必须加以过滤。用于过滤的常用设备有罗筛、压滤机、振动筛、袋式过滤器、管式过滤器和自清洗过滤机等。

11.6 水溶性非食用薄膜的性能及应用

水溶性薄膜具有良好的水溶性、阻隔性、环保性，非常适合对包装材料的环保要求和便利要求，因而受到食品包装界的广泛重视。水溶性薄膜大致分为四类：聚乙烯醇薄膜、聚氧化乙烯薄膜、纤维素薄膜和淀粉类薄膜。前两种是典型的水溶性非食用薄膜，后两种薄膜既是水溶性的又是可食用性的。

11.6.1 聚乙烯醇（PVA）水溶性薄膜

近年来，市面上所用的或正在开发的水溶性薄膜以聚乙烯醇（PVA）为主要成分。目前，国内外对水溶性薄膜的开发研究也都以 PVA 为主要原料进行。因此，下面将介绍 PVA。

1. PVA 的结构和性质

PVA 是一种水溶性高分子聚合物，性能介于塑料和橡胶之间，主要有纤维用和非纤维用两大类。其制造过程是由聚醋酸乙烯酯经水解而得：

$$H_2O + \left[CH_2-\underset{\displaystyle OCOCH_3}{\underset{|}{CH}} \right]_n \longrightarrow \left[CH_2-\underset{\displaystyle OH}{\underset{|}{CH}} \right]_n + CH_3-\overset{\displaystyle O}{\overset{\|}{C}}-OH$$

PVA 的性质如下：

（1）溶解性。PVA 溶于水，水温越高则溶解度越大；但几乎不溶于有机溶剂。PVA 溶解性随醇解度和聚合度而变化。部分醇解和低聚合度的 PVA 溶解极快，而完全醇解和高聚合度的 PVA 则溶解较慢。一般来说，对 PVA 溶解性的影响，醇解度大于聚合度。PVA 溶解过程是分阶段进行的，即：亲和润湿→溶胀→无限溶胀→溶解。

（2）成膜性。PVA 易成膜，其膜的机械性能优良，拉伸强度随醇解度、聚合度升高而增强。

（3）粘接性。PVA 与亲水性的纤维素有很好的粘接性。一般来说，醇解度、聚合度越高，粘接强度越强。

（4）热稳定性。PVA 粉末加热到 100 ℃左右时，外观逐渐发生变化。部分醇解的 PVA 在 190 ℃左右开始熔化，200 ℃时发生分解；完全醇解的 PVA 在 230 ℃左右才开始熔化，240 ℃时发生分解。热裂解实验表明，聚合度越低，其重量减少越快；醇解度越高，分解时间越短。

2. PVA 水溶性薄膜

PVA 水溶性薄膜是由醇解度在 88% 左右的部分醇解 PVA 树脂加工而成的，由于大分子链上含有一定量的体积较大的醋酸乙烯酯基，阻碍了分子链的相互接近，同时也削弱了分子链上羟基间氢键的缔合，使得有较多的羟基与水相互作用，因此，其水溶性比醇解度更高或者更低的 PVA 都好，薄膜也表现出优良的水溶性。制得的薄膜通过轻度热处理，对其结晶度进行微调整，就可以获得从冷水可溶至温水可溶的各种溶解性薄膜。

利用 PVA 的水溶性，可以将其用于水中使用产品的包装，如农药、化肥、颜料、染料、清洁剂、水处理剂、矿物添加剂、洗涤剂、混凝土添加剂、摄影用化学试剂及园艺护理化学试剂等。这种薄膜非常适合用作可洗织物的包装，因为混于洗衣水中的溶解薄膜是一种非常好的悬浮剂。

11.6.2 聚氧化乙烯（PEO）薄膜

1. PEO 的结构和性质

聚氧化乙烯（PEO）又称聚环氧乙烷，是一种结晶性、热塑性的水溶性聚合物。PEO 产品的分子量可以在很大的范围内变动，分子量为 200 ～20000 的产品称为聚乙二醇（PEG），它们是黏性液体或蜡状固体；分子量为 1×10^5 ～1×10^6 的产品称为聚氧化乙烯。PEO 是白色可流动粉末，分子结构为—CH_2CH_2O—，此类树脂活性端基的浓度较低，没有明显的活性端基。高分子量 PEO 晶体是球形结构，如果将其熔铸膜适当退火就会产生层状结构。

2. PEO 薄膜

PEO 薄膜通常用分子量为 40 ～60 万的树脂经热塑性加工制得，是所有水溶性薄膜中溶解性最好的薄膜，可以对它进行拉伸处理以提高其耐撕裂强度，并且可将其延伸率提高到 60%，而且不回缩。

聚氧化乙烯薄膜中可以加入增塑剂、稳定剂及填料。其最早的用途之一是在农业上用作种子带，在边上封死的两条薄膜之间夹上种子，将种子带种下去，一二天内，土壤中的水将薄膜溶解，种子开始发芽。由于在制造时种子沿着带子被均匀地隔开，因此不用田间间苗。又由于 PEO 的低毒性以及与其他树脂的混溶性，如果在制造塑料包装袋时在原料中加入适量的 PEO，就有可能有效地缩短包装袋的降解时间，从而大大减少白色污染，对环境保护有重大的意义。这方面的应用尚未见报道，有待进一步开发。

11.7 磷酸酯类阻燃剂生产工艺流程

1. 磷酸三（异丙基苯）酯（IPPP）

IPPP 的生产有如下三道工序：（见图 11－10）

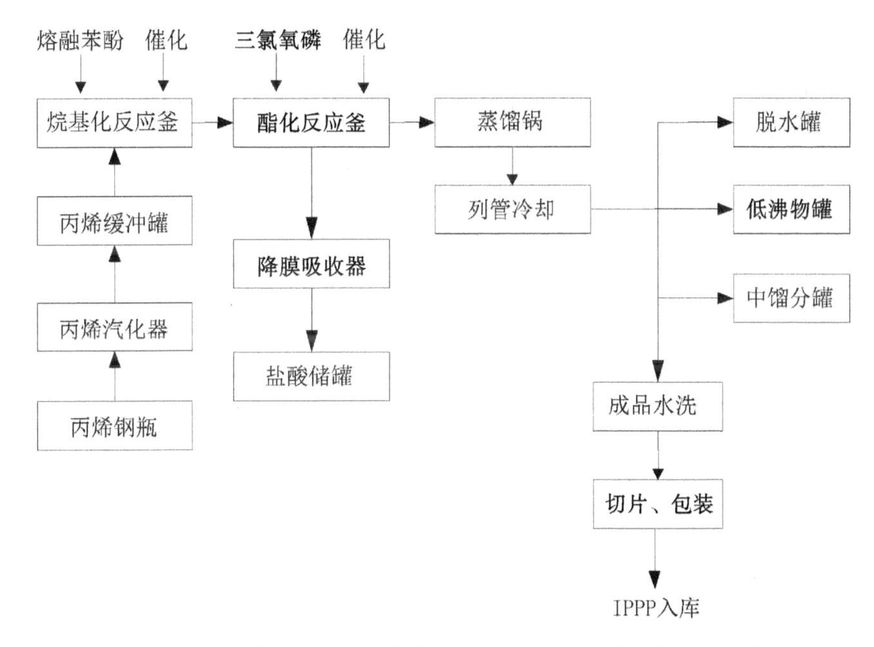

图 11－10　磷酸三（异丙基苯）酯（IPPP）生产工艺流程示意

（1）烷基化反应。将计量好的催化剂加入到烷基化反应釜内，然后通入计量好的熔融的苯酚，待其冷却到一定温度后，在搅拌的情况下通入丙烯气体，反应釜夹套内通入蒸汽，使反应釜中的温度维持在 105 ～115 ℃，保持常压状态，直至反应结束。反应产物趁热抽出，送酯化车间。

丙烯由烷基化装置罐区的丙烯储罐经过泵装入丙烯钢瓶，灌装过程自动计量。钢瓶由人工从烷基化装置罐区运来，与丙烯汽化罐连接，经过汽化的丙烯进入丙烯缓冲罐，最后进入反应釜。

反应式如下：

$$C_6H_6O + C_3H_6 = C_9H_{12}O$$

（2）酯化反应。将烷基化车间反应完全的溶液趁热抽入已经加入干燥并计量好的催化剂的酯化反应釜中，夹套内通冷却水使其冷却到 50 ℃后，在搅拌的情况下，投入计量好的三氯氧磷，夹套内通入蒸汽，将釜内温度缓慢升至 155 ℃，保持在常压状态下，并维持温度到反应结束，将反应完全的IPPP溶液抽入精馏釜中。酯化反应过程中产生的氯化氢气体经降膜吸收器吸收生产盐酸，达到相应浓度的盐酸输送至盐酸储罐储存。

反应式如下：

$$POCl_3 + 3C_9H_{12}O = C_{27}H_{33}O_4P + 3HCl\uparrow$$

（3）蒸馏。将酯化车间来的IPPP粗酯送入蒸馏锅内，用电加热或碳加热，在真空状态下，提高粗酯温度。100 ℃左右最先蒸馏出来的是水，经列管冷凝器冷凝后进入脱水罐；140 ℃左右蒸馏出来的是低沸物，经列管冷凝器冷凝后进入低沸物收集罐；250 ℃左右蒸馏出来的是中馏分，经列管冷凝器冷凝后进入中馏分收集罐；300 ℃左右蒸馏出来的是成品，经列管冷凝器冷凝后进入成品收集罐。每一批次生产完成后，由成品泵送至成品贮罐。成品经过滤器过滤后包装外售。对于质量要求高的产品，需先把常温下的成品送至水洗工段进行水洗，除去产品中的水溶性杂质后，抽真空至高位成品罐，然后自流至切片机切片后外售。

2. 磷酸三（2－氯乙基）酯（TCEP）

TCEP的生产有如下两道工序：（见图11－11）

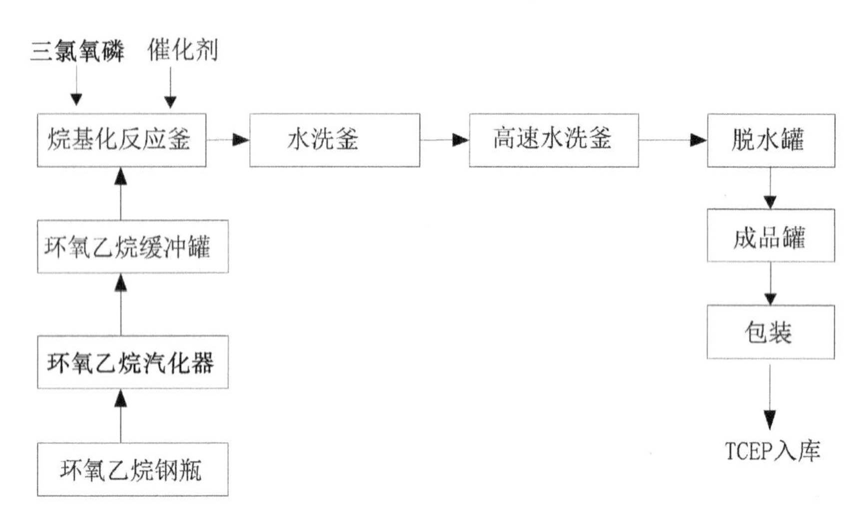

图11－11　磷酸三（2－氯乙基）酯生产工艺流程示意

（1）烷基化反应。在反应釜内加入计量好的催化剂离子交换树脂，然后通入计量好的三氯氧磷，再通入环氧乙烷，同时加入液体催化剂，反应釜夹套中通入冷却水，使反应温度维持在60 ℃。反应结束后，将产物TCEP抽出，送水洗工段。

环氧乙烷由烷基化装置罐区的环氧乙烷储罐经过泵装入环氧乙烷钢瓶，灌装过程自动计量。钢瓶由人工从烷基化装置罐区运来，与环氧乙烷汽化罐连接，经过汽化的环氧乙烷进入环氧乙烷缓冲罐，最后进入反应釜。

反应式如下：

$$POCl_3 + 3C_2H_4O = C_6H_{12}Cl_3O_4P$$

（2）水洗。来自烷基化车间的 TCEP 半成品在真空状态下，60 ℃进入水洗釜，水洗后进入高速水洗釜再次水洗，然后进入脱水罐，用蒸汽加热，在 100 ℃左右脱水，由脱水罐打料泵送至成品罐。包装时，借助脱水罐打料泵先对成品进行过滤，合格后送包装。

11.8 聚羧酸系列产品生产工艺流程

聚羧酸系列产品包括聚羧酸水剂及聚羧酸粉剂两种，其合成路线见图 11－12。

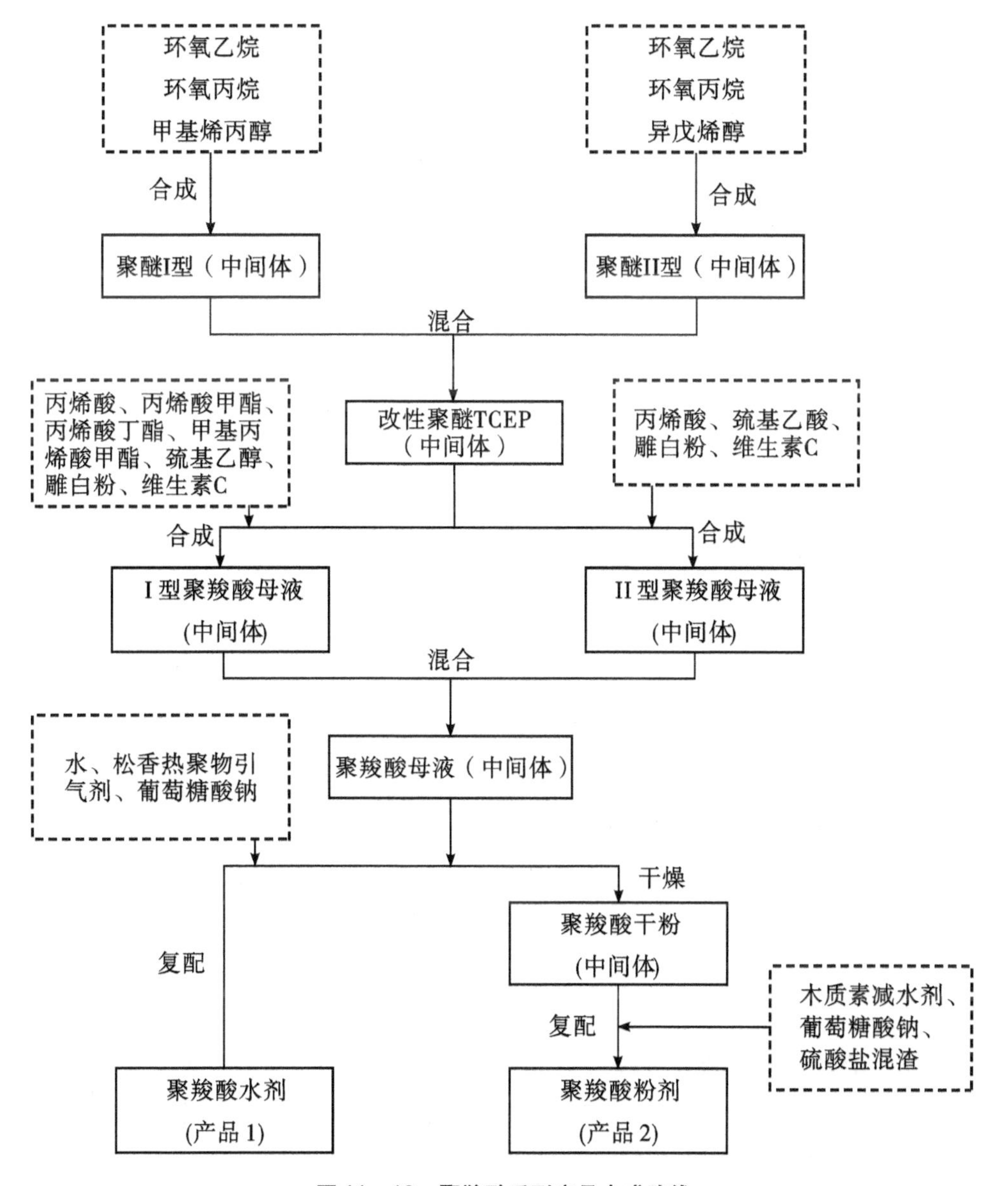

图 11－12 聚羧酸系列产品合成路线

11.9 六氟乙烷的制备及纯化

11.9.1 HFCs 的去除

氢氟烃类（简称 HFCs，制冷剂）与六氟乙烷（C_2F_6、FC－116）的沸点见表 11－1。

表 11－1 HFCs 及六氟乙烷的沸点

化学式	沸点/ ℃
HFC－152a（CHF_2CH_3）	－24.2
HFC－134a（CF_3CH_2F）	－26.5
HFC－161（CH_2FCH_3）	－37.1
HFC－143a（CF_3CH_3）	－47.4
HFC－125（CF_3CHF_2）	－48.6
FC－116（CF_3CF_3）	－78.1

HFCs 与 C_2F_6 的沸点虽然存在一定的差别，但由于易形成共沸物和类共沸物，因而分离困难。如 C_2F_6 与 HFC－134a 和 HFC－125 可形成类共沸物，HFC－143a、HFC－161 和 HFC－152a 难以精馏分离。传统方法往往通过多次精馏或增加精馏塔塔板数来实现分离，但这些方法既不经济，也难以获得 HFCs 含量很低的高纯 C_2F_6。另外，C_2F_6 的分子直径为 0.43 nm，而 HFC－134a 和 HFC－125 的分子直径均为 0.42 nm，通过常规吸附的方法也难以分离。

Hiromoto Ohno 发现，具有特定微孔尺寸（0.35 ～1.10 nm）和硅铝摩尔比（Si/Al）≤1.5 的沸石分子筛或特定微孔尺寸（0.35 ～1.10 nm）的碳分子筛能够选择吸附 C_2F_6 中的 HFC－161、HFC－152a、HFC－143a、HFC－134a、HFC－125 等 HFCs 杂质，特别是易与 C_2F_6 形成类共沸物、难以精馏分离的 HFC－134a 和 HFC－125。如在装有 20 g 5A 分子筛（孔径为 0.42 nm，Si/Al＝1）的 200 mL 不锈钢钢瓶内，通入 80 g HFCs 杂质含量（即质量分数）为 167 mg/L 的 C_2F_6，在－20 ℃下吸附处理 8 小时后，HFCs 含量降为 5 mg/L。

11.9.2 含氯杂质的分离

C_2F_6 的杂质中，大部分是 CH_3Cl（氯甲烷）、$CHClF_2$（一氯二氟甲烷）、$CClF_3$（一氯三氟甲烷）、$C_2H_2ClF_3$（一氯三氟乙烷）、$CHClF_4$（一氯四氟乙烷）、C_2ClF_5（一氯五氟乙烷）、$C_2Cl_2F_4$（二氯四氟乙烷）和 C_2ClF_3（氯三氟乙烯）等含氯化合物，其中以 $CClF_3$ 与 C_2F_6 形成的共沸混合物最难分离。

David R. Corbin 公开了一种利用活性炭或无机分子筛（沸石、铝酸盐或磷酸铝，0.3 ～1.5 nm）吸附脱除 C_2F_6 中的 $CClF_3$/CHF_3（三氟甲烷）的方法。沸石分子筛使用前经 CCl_4（四氯化碳、四氯甲烷）、CCl_2F_4（二氯二氟甲烷）、$CHCl_3$（三氯甲烷）、CHF_3、$CHClF_2$ 预处理，吸附温度为 -20 ～300 ℃，吸附压力为 10 ～3000 kPa，得到的 C_2F_6 产品纯度在 99.999% 以上。Ralph Newton Miller 则采用共沸精馏技术分离 C_2F_6 中的 $CClF_3$ 和 $CHClF_2$。精馏 C_2F_6 是在无水 HCl 存在的条件下，利用 HCl - C_2F_6 共沸物比 HCl 与其他杂质形成的共沸物或类共沸物具有更高的蒸气压、更易挥发的特点，从而可在精馏塔塔顶提取 HCl - C_2F_6 共沸物，而其他杂质与 HCl 形成的共沸物在塔底流出。然后，HCl - C_2F_6 共沸物在低于 -50 ℃下液化和冷却，分离成富含 HCl 的层和富含 C_2F_6 的层，富含 C_2F_6 的层进入第二精馏塔继续精馏，经树脂床脱酸后，获得 99.9999% 的 C_2F_6。由于 HCl 对设备的腐蚀作用很大，该技术对设备耐腐蚀性的要求很高，增加了生产成本。另外，产品中残留的 HCl 还会进一步腐蚀钢瓶，给产品的存放及运输安全带来隐患。

研究人员将 C_2F_6 中的 $CClF_3$与 HF 在氟化催化剂的作用下，在 200 ～450 ℃下反应，以使 $CClF_3$氟化转化成 CF_4（四氟化碳、四氟甲烷）。由于所得 CF_4和未反应的 C_2F_6之间的沸点相差约 50 ℃，两者不会形成共沸混合物，通过任何已知的精馏工艺可以很容易地分开。如将纯度为 99.9972% 的 C_2F_6（$CClF_3$含量为 25 mg/L）与 HF 以10 NL/h①的流速在 400 ℃进行氟化反应，3 小时后，用 KOH（氢氧化钾）水溶液洗涤反应器的出口气体，除去酸性组分，与脱水剂接触，干燥、冷却后收集，再通过精馏纯化后，产品纯度为 99.9998%，$CClF_3$ 含量低于 0.1 mg/L。

另一种研究则将脱除空气等低沸点杂质后的粗 C_2F_6 加入第二精馏塔继续精馏，回收作为塔顶馏分的 C_2F_6（约 80%），通过吸附提纯后，获得纯度为 99.9998% 的产品。而约 20% 混有 CCl_2F_4、C_2ClF_5、$C_2H_2ClF_3$、$C_2HCl_2F_3$（二氯三氟乙烷）和 $CHClF_4$ 等含氯化合物的塔底流出物，在氟化剂的存在下，在 300 ～500 ℃下与 HF 进行氟化反应，转化为 C_2F_6 或其他氢氟烃后，再循环到精馏步骤，从而实现含氯化合物的分离。

11.10 铁基非晶合金材料的制备

11.10.1 工艺流程

铁基非晶合金材料制备的工艺流程见图 11 - 13。

① NL/h 即标准升每小时，是 20 ℃、1 标准大气压的状态下流量的每小时升数。

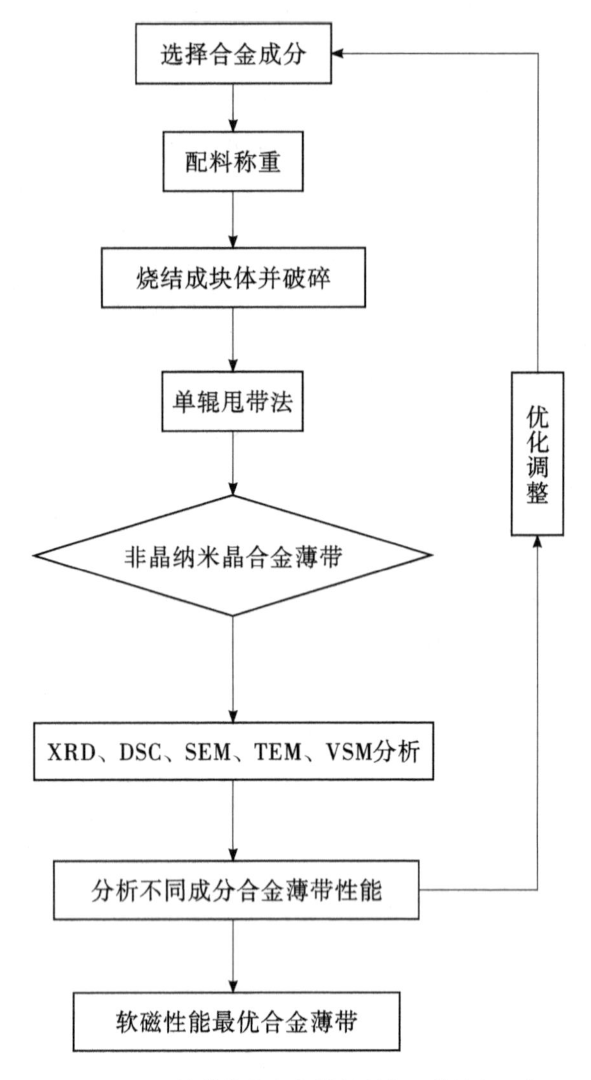

图 11－13　铁基非晶合金材料制备工艺流程示意

11.10.2　工艺及设备介绍

1．制备母合金

实验用原料为 Fe 粉（纯度 99.5%，粒度 5～8 μm）、Cu 粉（纯度 99.85%，粒度 48 μm）、Zr 粉（纯度 99.9%，粒度 30 μm）以及 Nb 粉、Mo 粉、Si 粉、B 粉（纯度均为 99.9%，粒度均为 48 μm）。将合金粉精确称量，按某一摩尔比配制合金成分，在氩气保护下混合均匀，将混合均匀的粉体固结成块体（真空条件下进行），并将合金块体表面打磨干净，除去表面氧化物后，破碎成小块，置于试管内，用单辊甩带法制备合金薄带。

2. 单辊甩带法制备非晶/纳米晶薄带

制备非晶/纳米晶合金的方法众多，有甩带法、机械合金化法、铜模吸铸-喷铸法、雾化法、表面沉积法、激光离子注入法等，其中甩带法具有操作简单、冷却速度快、铜辊转速易于控制、能连续生产等优点，获得广泛应用。图11-14是单辊甩带设备及其示意。

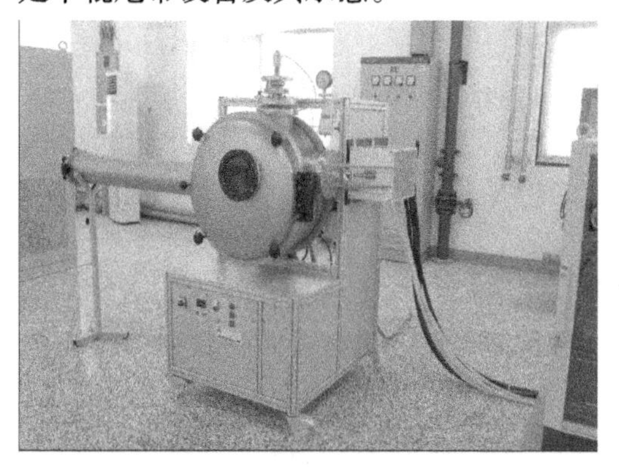

(a) 设备

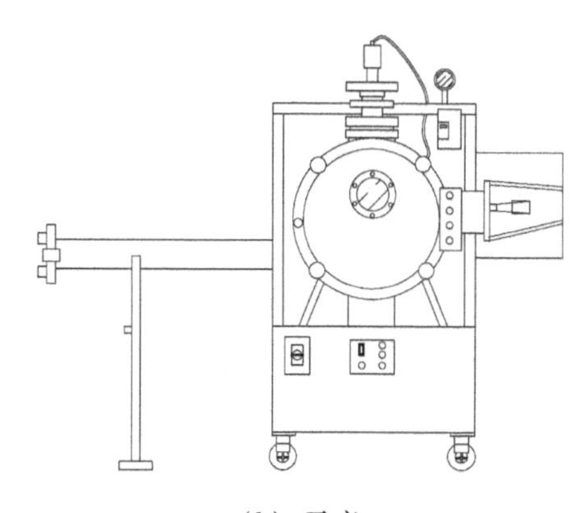

(b) 示意

图11-14 单辊甩带设备

其甩带过程为：将配制好的合金块置于下端开小槽（或小孔）的石英管或坩埚中，采用电磁感应线圈加热，使合金熔融并有一定的过热度；然后在石英管中冲入稀有气体，产生一定的压差，使喷嘴处的压力大于狭缝对熔融液体的表面张力，熔融液体从狭缝中喷出，流到高速旋转并通有冷却水的铜辊表面，形成熔潭，再经铜辊拖拽并快速冷却，形成非晶合金薄带并甩出。这一过程冷却速度极快，可以达 10^3 K/s，从而使合金来不及结晶而形成非晶态，调整制备工艺可制得厚度为几微米至几十微米的非晶/纳米晶薄带。图11-15为甩带机内部铜辊的结构实物和示意。

(a) 实物

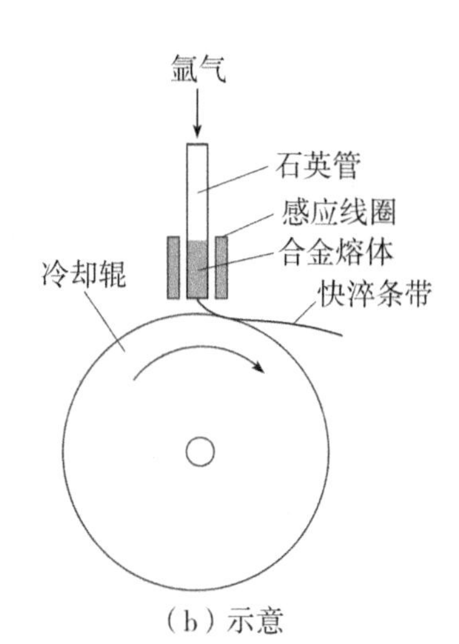

(b) 示意

图11-15 单辊甩带法制备合金薄带

单辊甩带法制备非晶合金条带，其带材质量好坏与很多因素有关，这些因素大致可分为设备内在因素和甩带工艺参数两个方面。一方面，设备精度影响薄带质量。如设备所能达到的真空度、铜辊垂直跳动系数、铜辊表面粗糙度、铜辊传热性、加热线圈的稳定性等，这些因素是设备的内在因素，在实际制备过程中难以控制。另一方面，单辊甩带法的诸多工艺参数影响薄带质量，这些工艺参数在实际制备过程中容易控制，为可控因素。如铜辊线速度、喷射压差、石英管喷嘴口径大小及形状（圆形或方形）、喷嘴至辊面间距、喷射倾角、熔体温度等，这些因素都对所制备的合金带材有重要影响。只有控制好这些可控因素，选择合适的合金成分，在铜辊表面形成稳定、平衡的熔融射流，才能制备出质量优异的合金带材。

这些可控的工艺参数对制备带材的影响如下：

（1）铜辊表面线速度 V_s（m/s）。V_s越小，喷射到铜辊表面的合金溶液在单位时间内积累越多，铜辊表面熔潭被拖拽平铺就越厚，导致合金冷却速度越慢；反之，V_s越大，带材越薄，冷却速度越快。V_s主要影响冷却速度和带材厚度。

（2）石英管口径 N_s（mm）。石英管口径有圆形和方形两种，N_s的大小主要影响合金薄带的宽度与厚度。N_s越大，单位时间内喷射的合金溶液越多，合金带材越厚，同时，熔潭平铺的宽度也大，带材就越宽；反之，N_s越小，带材越薄越窄。

（3）喷射压差 ΔP（MPa）。ΔP 主要是为了克服石英管狭缝口对熔融液体的表面张力，同时，一定的 ΔP 保证熔体能稳定地从石英管流出并喷射到铜辊表面。当石英管口径 N_s一定时，ΔP 越大，单位时间流出的熔体越多，带材越厚；反之，带材越薄。若 ΔP 太小，就不能保证熔体喷射的稳定性，不能形成连续的带材。

（4）喷嘴至辊面间距 G_s（mm）。熔体从喷嘴喷射出来，在未到达辊面的这个空间中运动，这个过程中熔体将发生扭曲、变形和收敛，直接影响熔潭的体积和形状，从而影响带材的厚度和宽度。因此，G_s越小，熔潭变形越小，溶液越稳定、均匀，带材的厚度和宽度越均匀。

（5）喷射熔体温度 T（℃）。T 直接影响合金溶液的黏度，一般要求高于合金熔点 50 ～100 ℃，使溶液具有合适的黏度，喷射流体均匀稳定。若 T 太高，黏度过小，熔潭容易变形，影响薄带质量；若 T 太低，溶液黏度过大，合金溶液不易流出。

（6）喷射倾角 θ（°）。θ 主要影响熔潭与辊面的接触面积，θ 增大，带材厚度会略增加。此参数对带材的影响还有待进一步研究。

上述工艺参数需要合理搭配才能连续制备出均匀的合金薄带。经过多次试验、比较和分析，采用如下工艺参数能制备出较均匀的薄带：

（1）铜辊表面线速度 $V_s = 40$ m/s。

（2）石英管内径 $d = 9$ mm，外径 $D = 10$ mm，长度 $l = 90$ mm，喷嘴为圆形，直径 $\phi = 0.6$ mm。

（3）喷射压差 $\Delta P=0.08$ MPa，甩带炉内真空度为 10^{-4} Pa。

（4）石英管喷嘴与辊面间距 $G_s=3\sim5$ mm。

（5）倾角 $\theta=0°$。

另外，如果所用的实验设备未安装红外测温装置，则实验过程中喷射溶液温度通过经验来判断，即合金开始熔化，溶液颜色为红色，继续加热至溶液变白亮，此时的熔体温度 T 才适合喷射合金溶液。

11.11 中药前处理、提取及分离工艺与设备

中药前处理工序一般包括药材的挑选、洗药、润药、切药、干燥、粉碎等，提取工序一般包括提取、浓缩、分离（醇沉/水沉、过滤、离心）等。经过前处理和提取工序的加工，药材变成了药品的中间体，最终成为药品。

中药提取的设备应根据具体中药产品和生产工艺进行选型，按设备的性能和工作原理正确使用。通常情况下，在前处理阶段，药品质量和生产成本已经基本确定。如果生产工艺和设备性能不能很好地结合，生产过程中就会出现产品质量不稳定、原材料消耗大等问题。

11.11.1 中药材前处理工艺与设备

1. 洗药机

药材（中药饮片）的表面不但有泥沙等杂物，还有大量的霉菌。洗药的目的就是要除掉泥沙和大部分霉菌。目前，大部分制药企业使用的都是滚桶式洗药机，用喷淋水进行洗药。

洗药机应根据药材不同的品种，用不同的转速和喷水量去清洗。在洗净的前提下，尽量缩短洗药时间，避免有效成分的损失。制药企业可对滚筒式洗药机进行改造，增加调速装置和增压设备，以针对不同的药材采取不同的清洗方式。

2. 润药机

目前，大部分中药制药企业在使用注水式真空润药机。真空润药机的工作原理是：将药材纤维空隙中的空气抽出，水在负压条件下通过毛细管迅速进入植物细胞组织中。润药的目的是让失水的植物细胞吸水膨胀，为提取工序创造条件，因为药材中的有效成分一般在水（或其他溶媒）作用下才能实现交换。其中，控制真空度可以实现最佳的渗透效果，控制加水量可以防止有效成分的流失，控制润药时间可以减少有效成分的酶解（某些苷类细胞内存在着与其相应的水解酶，润药时间过长，部分苷会被水解）。

润药机在使用过程中应注意：根据不同的药材，确定相应的真空度及润药时间，并确定相应的加水量，尽量做到水尽、药透。

3. 干燥设备

目前，有许多制药企业使用蒸汽式干燥箱和远红外线干燥箱。这两种设备因

能耗大，效率低，对工作环境（温度、湿度和粉尘）影响大，近几年逐渐被微波干燥灭菌机所取代。微波干燥灭菌机能耗低，效率高，对环境影响小。微波干燥灭菌机在前处理阶段主要有三项功能：干燥、灭菌、破壁。

微波干燥灭菌机在使用时要注意：①不得空载运行，否则会被烧毁甚至引发爆炸。②微波源要有使用时段记录，磁控管寿命一般在4000小时左右，超时使用微波能会衰减。③物料水分低于14%会影响灭菌效果；提取浸膏含水量高于40%时，用隧道式微波干燥机易造成设备的损坏，而要用微波真空干燥机进行干燥。④微波对物料的穿透厚度为2～3 cm，作业时要注意物料厚度。⑤干燥物料时温度一般为80～90 ℃，温度越高，吸收性越好，易造成物料过干甚至碳化。⑥药材必须润透，否则微波不能破壁（可切开检验）。进行破壁时，微波能要达到能使植物细胞内水分汽化的能量和时间。⑦原料中既有粉碎料又有提取物时，可将提取浓缩后的药液掺在粉碎料中，经微波处理，干燥、灭菌同时完成，既节约能源又节省时间。⑧用于前处理的微波设备尽量选用功率大一点的，以保证质量和产量。

4. 粉碎设备

中小型制药企业使用的粉碎机以TF－400型柴田式粉碎机为主。其工作原理是：机器主轴上装有打板、挡板、风叶三部分，由电动机带动旋转。打板和嵌在外壳上的边牙板、弯牙板构成粉碎室。物料通过加料口进入粉碎机，在其间进行快速相对运动，受到多次打击和互相撞击，达到粉碎目的。

粉碎后的物料在气流的作用下被吹到旋风分离器进行风选，再过筛，将粗粉和细粉分开，细粉被风送到收粉装置内收集，粗粉被送回粉碎室内重新粉碎。(见图11－16)

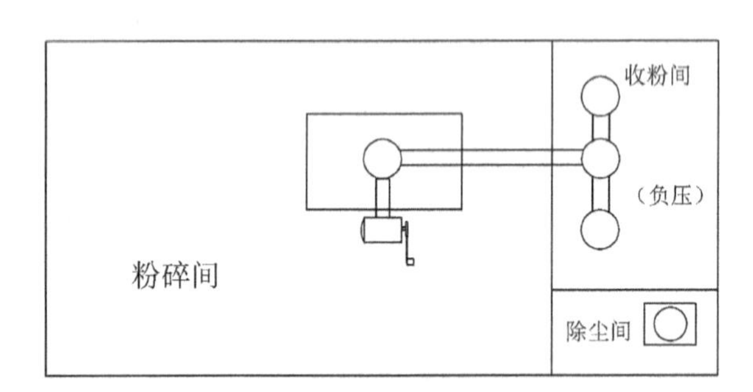

图11－16　粉碎设备的布置示意

11.11.2　中药材溶剂提取工艺与设备

提取是指利用适当的溶媒和方法，从原料药材中将可溶性有效成分浸出的过程。中药材中所含成分很复杂，可分为以下三种：有效成分，指起主要药效的物质，如生物碱、苷、挥发油等；辅助成分，指本身没有特殊的疗效，但能增强或缓和有效成分作用的物质；无效成分，指本身无效或有害的成分。中药提取过程是一个将工艺设备原理、物料性能及操作方法有机结合的过程。

1. 中药材溶剂提取的工艺原理

中药材提取的工艺过程是溶媒进入药材的细胞组织，溶解或分散其有效成分变为浸出液的过程。一般情况下，中药材在提取过程中要经过浸润、溶解、扩散、置换等阶段。

在浸润、渗透阶段，溶媒首先附着于药材表面，使之湿润，然后通过毛细管和细胞间隙渗入细胞内。这种湿润作用对于浸出有很大的影响，如果中药材不能被浸出溶媒湿润，浸出也就无法进行。因此，在生产中用洗药和提取前的浸泡来代替润药工序是不妥的。浸泡时间短不能达到润透的效果，浸泡时间长植物细胞内的水解酶会分解药材中的有效成分。如果提取的有效成分在植物细胞内，还可在润药后用微波干燥灭菌机对中药材进行植物细胞“破壁”。对植物细胞进行破壁的目的，就是获取植物细胞内的有效成分。因中药材成分复杂，是否需要进行植物细胞破壁，要根据提取的目标和工艺验证①来确定。

浸润是溶解、扩散、置换的前提。在提取过程中，溶媒通过毛细管和细胞间隙进入细胞组织，与经解析的各种成分接触，使其溶入溶媒中，这一过程称为溶解阶段。当溶媒在细胞中溶解大量可溶性物质后，细胞内溶液浓度显著提高，导致细胞内外出现浓度差和渗透压差，细胞内高浓度的溶液可不断向细胞外低浓度溶液方向扩散；由于渗透压的作用，溶媒又不断进入细胞内，以平衡其渗透压，这一过程称为扩散阶段。在中药材提取过程中，几个阶段往往是交叉进行的，这就要求在设备操作过程中要根据工艺要求，经过工艺设备验证来确定设备操作过程中的操作顺序以及温度、压力、时间等参数，以达到尽可能多地提取有效成分，保证每批提取物的质量均一和降低生产成本的目的。

2. 常用的提取溶媒

在提取过程中，溶媒的选择对提取效果有显著影响，使用不同的溶媒，设备操作的方法也不相同。在中药材提取过程中，常用的溶媒有水和乙醇。

常用的浸出溶媒——水，经济易得，极性大而溶解范围广；同时，水的选择性差，在提取过程中会提取出大量的无效成分。药材中的生物碱类、苷类、有机酸盐、鞣质、蛋白质、糖、树胶、色素、多糖类、酶和少量挥发油都能被水浸出。水的质量对提取液的质量也有一定影响，最好用经过净化和软化处理的纯净水做提取溶媒。

乙醇为半极性溶媒。用乙醇提取可减少药材中黏液质、淀粉、蛋白质等杂质的浸出。乙醇的溶解性能介于极性与非极性之间，既能溶解水溶性的某些成分，又能溶解非极性溶媒所溶解的一些成分。乙醇作为溶媒也有一定的缺陷：具有药理作用，价格贵，易燃易爆。

在中药材提取工艺中，用乙醇作为提取溶媒时，乙醇的浓度要以能浸出有效成分、满足工艺需要为度，不宜盲目地使用过高浓度的乙醇。一般用90%以上的

---

① 工艺验证是为了保证产品合格，在投产前对产品生产系统所进行的验证工作。

乙醇溶液提取挥发油、有机酸、树脂、叶绿素等，用50%～70%的乙醇溶液提取生物碱、苷类等，用50%以下的乙醇溶液提取苦味质、蒽醌化合物等。因为用乙醇作为溶媒进行提取时涉及设备操作方法及乙醇回收的问题，所以，在厂房设计、设备选型和操作方法上应有不同的要求。醇提车间要按防爆要求设计施工，所有电器设备必须符合防爆要求，屋内要用轴流风机来降低室内乙醇气体的浓度，同时要配备乙醇回收和储存设备。

3. 影响提取效果的因素

（1）药材粉碎度。以水作溶媒时，药材易吸水膨胀，故提取时药材可粉碎得粗一些，或者切成薄片和小段；提取设备应采用排渣口大的直桶式或倒锥形提取罐。用乙醇作溶媒时，因乙醇对药材膨胀的作用小，中药材可粉碎成细粉以提升提取效果。

（2）提取时间。一般提取量与提取时间成正比，但经一定时间后，扩散达到平衡，延长时间即不再起作用。提取时间对提取液的质量也有影响，时间过短，达不到浸出目的；时间过长，挥发性成分损失过大，提取液中杂质也会增多。提取时间的长短应根据提取方式、投料量和药材性质来确定。一般来说，比较坚实及成分不易提出的药材，可适当延长提取时间；含挥发性成分和质地脆弱而有效成分易于提出的药材，则可适当缩短提取时间。

（3）提取温度。高温能使植物纤维组织软化、细胞内蛋白质凝固、酶被破坏；沸腾可加快物质的溶解和扩散速度，有利于浸出。但过高的温度也会使某些有效成分受到破坏而失效；同时，高温提取时，无效成分、辅助成分的浸出量也会增多。这不仅会增加提取物中的杂质，而且会给后期的精制造成困难，特别是在口服液和注射剂的生产中会影响产品的澄明度。所以，在提取工艺验证时要以有效成分转移率作为主要指标，在设备操作时，一定要合理地使用罐内明汽和夹层加热①，防止在提取罐的底部形成过热的区域和药材冷堆。在使用底部只有明汽加热，没有夹层加热的多功能提取罐时，可采取强制循环的方式来消除提取罐底部的过热区域和药材冷堆。

4. 常用的中药材提取设备

（1）多功能提取罐。多功能提取罐（见图11－17）是一种常用的提取设备。

优点：操作简便，工艺应用灵活，可根据工艺需要同其他设备进行不同的组合。可用常压、减压、加压、水煎、温浸、渗漉、强制循环等方式进行中药材的提取。特别适合对植物茎叶类中药材的短时间提取。因为其用途广，工艺适应性较强，所以也称为多功能提取罐。

缺点：提取过程要分几次完成，溶媒消耗量大，提取时间长。提取与浓缩不能同时进行，提取液量大，浓缩时能源消耗大。

---

① 提取罐加热形式有夹层加热和夹层蒸汽加热。一般来说，夹层加热不会形成加热死角，但是只有底部加热则会受热不均匀。

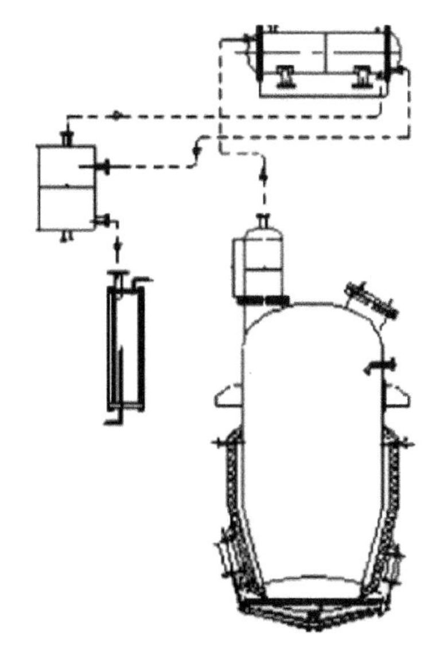

图11－17 多功能提取罐示意

（2）热回流提取机组。热回流提取技术是近几年发展起来的一种新的提取技术。热回流提取机组（见图11－18）集热回流提取、渗漉法提取、索氏提取三种方法原理于一体，结合外循环浓缩技术，把提取与浓缩置于一套设备内同步进行，从而简化了工艺，缩短了生产时间。

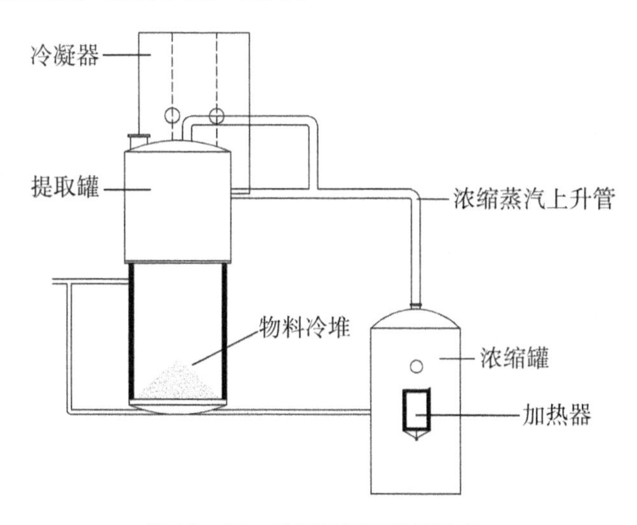

图11－18 热回流提取机组示意

优点：回流提取比渗漉提取时间短、速度快，比常规煎煮提取使用的溶媒少、耗能低。在回流提取过程中，因在提取罐内创造了最大的浓度差，故可以获得较好的提取效果，特别是使用有机溶媒提取时，热回流提取机组的优点更明显。

缺点：在提取过程中提取罐内的溶媒浓度不断降低，在提取有效成分多的同时，提取出来的杂质也多。热回流提取机组对操作人员的操作技术和经验要求更高，要求操作人员不但要了解工艺原理、设备性能，还要有一定的实践经验的积果。在操作过程中，如果提取罐、浓缩罐、冷凝器三者之间的温度差、压力差协调不好，则不仅会影响提取、回流效果，还会造成能源的损耗和有机溶媒的损失。另外，热回流提取机组的工作原理决定了其不宜使用于以水作溶媒提取中药材中热不稳定成分。

11.11.3 中药材溶剂提取液的浓缩工艺与设备

浓缩是使溶液中的溶媒蒸发、溶液浓度增大的过程。一般情况下，蒸发是用加热的方法使溶液中部分溶媒汽化并除去，从而提高浓缩液浓度的工艺过程。

1. 影响蒸发的主要因素

影响蒸发的主要因素有温度、压力和蒸发面积等。在浓缩时，常用单位时间内的蒸发量来计算蒸发量。

单位时间内的蒸发量计算公式如下：

$$m = \frac{s(F - f)}{p}$$

式中：m—单位时间内的蒸发量；

s—液体暴露的面积；

p—大气压力；

F—在一定温度下液体的饱和蒸气压；

f—在一定温度下实际的饱和蒸气压。

通过上式可以看出，m 与 p 成反比（减压浓缩的优点），与 $s(F - f)$ 成正比（面积越大，蒸发速度越快）。要使蒸发速度加快，则要求浓缩罐的加热温度与液体温度有一定的温度差（即加热的温度要绝对高于液体的温度），从而使溶媒分子获得足够的热能不断汽化。在同等条件下，液体暴露面积越大，蒸发速度就越快。在实际操作中，可以将浓缩罐内的液面高度控制在加热器喷口的 1/3 处，用液体喷射的动力带动浓缩罐内液面的翻腾来增加液体暴露面积。

2. 浓缩设备

（1）多效蒸发器。双效浓缩器（见图 11－19）将一次蒸发浓缩所产生的二次蒸汽作为下一步浓缩的热源，一次浓缩的药液通过串联管线进入下一步浓缩。以此类推，还有三效、四效、五效浓缩器，其根本目的是为了节约能源。

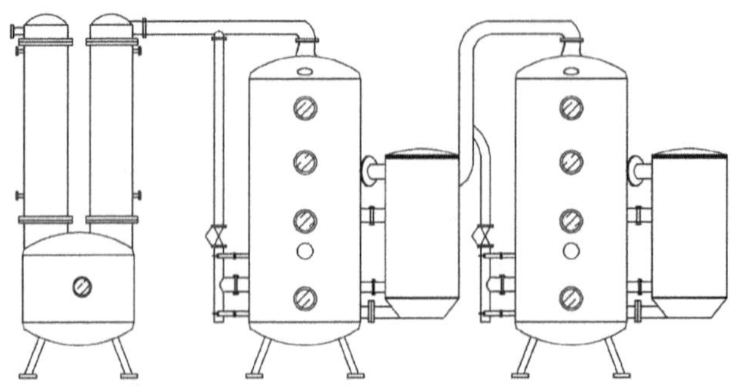

图 11－19 双效浓缩器示意

多效浓缩器的缺点是残留多，清洗困难，第一次的浓缩温度高、热敏性成分损失较多。

(2) 单效浓缩器（乙醇回收器）。因单效浓缩器（见图 11－20）乙醇回收能力大，有时也称之为乙醇回收器；但其节能效果不如双效和多效浓缩器。单效浓缩器采用外加热自然循环与真空负压蒸发相结合的方式，蒸发速度快，可减压低温浓缩，浓缩比①大（可达 1.3），清洗方便（打开加热器的上盖即可进行清洗）。另外，单效浓缩器还有操作简单、占地面积小的特点。

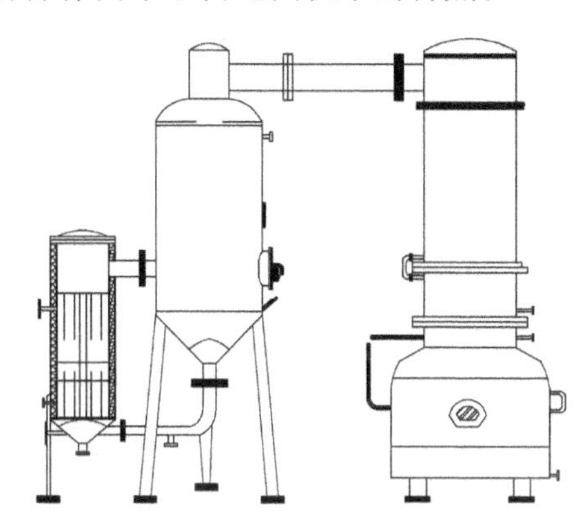

图 11－20 单效浓缩器示意

11.11.4 提取液的分离、精制工艺与设备

由于中药材所含成分复杂，提取后有效成分、辅助成分、无效成分混在一起，所以必须对提取液进行分离和精制，才能去除无效成分，得到所需要的有效成分。常用的分离和精制方法有沉淀法（即静沉、水提醇沉、醇提水沉）、过滤分离法、机械分离法等。以下介绍沉淀法和过滤分离法。

1. 沉淀法

乙醇沉淀法是常用的中药材水提取液纯化精制方法。

(1) 沉淀法的原理。中药材先经水煎提取，药材中的有效成分被提取出来的同时，许多水溶性杂质也被提取出来。乙醇沉淀法就是利用有效成分能溶于乙醇而杂质不溶于乙醇的特性，在提取液中加入乙醇后有效成分转溶于乙醇中，而杂质则被沉淀出来，进而对中药材提取液进行精制。(醇提水沉的原理与此相同)

(2) 影响醇沉淀工艺的因素。影响醇沉淀工艺的因素主要有：初膏浓度及温度、乙醇用量及乙醇浓度、醇沉液的 pH、醇沉淀的温度与时间、加醇方式和搅拌速度等。

(3) 沉析设备（醇沉罐）。目前，大部分中药生产企业使用的沉析设备是带有夹套的筒体——沉析罐（见图 11－21），醇沉后杂质沉淀在锥底，上清液通过

① 浓缩比是指溶液浓缩前的体积与浓缩后的体积之比。

出液管道被吸出，罐底安装有球阀或蝶阀作为出渣口。沉析罐的搅拌电机一般无法进行转速的调节，操作时开启搅拌桨，将乙醇直接通过管道加入罐内。这种加醇方式不利于乙醇在药液中的均匀分散与混合，易造成有效成分损失，同时还会在醇沉过程中产生块状沉淀物，球阀和直径较小的碟阀也不利于排渣。

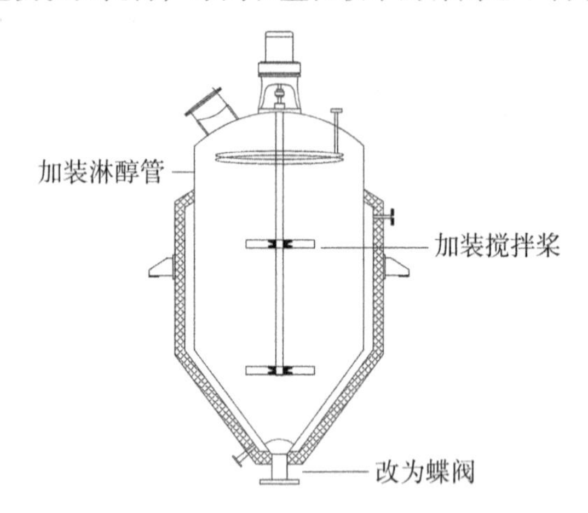

图 11－21　沉析罐

2. 过滤分离

在中药制药工艺中，药液的过滤分离是一项非常重要的精制工艺过程。常用的过滤分离方式有筛析过滤、吸附过滤、离心分离、膜分离等。

（1）筛析过滤。筛析过滤即将药液中较大的颗粒拦截下来。

常用的设备有管道式过滤器、桶式过滤器、双联过滤器等。该法一般过滤精度不高（30～100 目），常用于除渣过滤和提取液的粗过滤。

（2）吸附过滤。吸附过滤即通过选用有吸附功能的滤材，在实现拦截过滤的同时，将易产生后期沉淀和影响药液澄明度的胶质、腊质、油脂、色素等吸附出来。

常用的设备有板框式过滤器、桶式过滤罐、硅藻土过滤机等。滤材有滤棉、滤纸等。这些设备和滤材大多选择性差，过滤精度不高，操作压力较大；堵塞严重，堵塞后需拆机进行清洗或更换滤材，清洗困难；有的滤材还会大量吸附有效成分，造成过滤后有效成分降低；在过滤过程中，因温度、压力不同，过滤效果差异很大，工艺控制难度大。

（3）离心分离。离心分离是在液相非均匀体系中，利用离心力来达到液液分离、液固分离的方法。因为离心力比重力要大数千倍，所以离心分离具有分离效率高的特点，特别适用于含水率高，含不溶性微粒、粒径细小或黏度很大，用一般的过滤或沉降方法效果不明显的物料的分离。

离心分离设备可分为两种：第一种是过滤式离心分离设备。其分离操作的推动力为惯性离心力，常采用滤布作为过滤介质，如三足式离心机等。因污染严重，清洗困难，过滤式离心分离设备不易做液体收集。第二种是沉降式离心分离设备。它利用离心机高速旋转而产生的离心力，使溶液中悬浮的较大颗粒杂质

（如药渣、泥沙等）或大分子成分（如淀粉、蛋白质等）得以沉降。

（4）膜分离。膜分离技术是用筛分原理对液体进行选择性分离的一种先进的分离技术。它可以根据所分离物质的相对分子质量的大小或被分离物质的颗粒大小进行过滤。与传统过滤形式不同的是，滤膜可以在分子范围内进行分离，溶剂或小分子透过滤膜，颗粒、大分子溶剂被滤膜截留。在中药制药企业，膜分离主要用于注射剂、口服液的精制及各种介质的除菌、除杂过滤。

膜分离操作温度低，适用于热敏性物质的分离；分离过程中不需外加其他物质，生产成本低；膜分离选择性强，药效成分回收率和非药效成分去除率高；膜分离的选择范围广，适用性强（适用于从病毒、细菌到微粒的较广范围的有机物分离和无机物分离）。除此之外，利用膜分离技术还可实现液体的浓缩；但膜分离设备投资大，操作维护时技术要求高。

膜分离技术在应用时，还要根据分离目标的不同选择不同的滤膜/滤芯。如压缩空气在提取分离工序，有时作为气动元件的动力（气缸、气动阀），有时作为物料输送的动力（用压力输送液体、为过滤提供压力等）同药物直接接触。按GMP（good manufacturing practices，药品生产质量管理规范）要求，需要用膜分离技术对压缩空气进行净化处理。一般需要用过滤器来进行气水分离、除菌、除油等过滤，过滤器的级别不同，过滤效果、安装顺序也不一样。

滤膜/滤芯的维护保养也非常重要，有的滤膜/滤芯必须在湿润的状态下保存，干了膜孔就会闭合而且永远打不开，如超滤膜就必须湿态保存。滤膜/滤芯在使用一段时间后就会发生堵塞。一般情况下，可以通过清洗来降低膜的物理性堵塞程度，清洗效果可以通过选择合适的清洗剂及清洗方法来达到。清洗方法可分为正向清洗和反向清洗两种。清洗时要注意，反向清洗时，清洗剂或清洗液中的杂质会残留在膜的下游端，给下一批次的产品造成污染。

思考题

1. 工艺相关安全思考题

（1）瓷抛砖与抛釉砖在生产过程中哪些环节会产生“三废”？

（2）电致调光玻璃在用电调试过程中要注意哪些用电安全事项？

（3）润滑油在生产过程中哪些环节要注意安全防护？

（4）注塑机在使用过程中要注意哪些环节？这些环节对使用人员会产生什么影响？

（5）对涂料生产过程中产生的VOC（易挥发的有机物质）应如何进行处理？

（6）PVA薄膜生产过程中哪些环节容易发生安全事故？

（7）阻燃剂生产过程中使用的气体需要考虑哪些防护措施？

（8）聚羧酸系列产品在混合搅拌过程中要注意哪些安全环节？

（9）气体生产过程工艺复杂，要注意哪些安全环节？

（10）非晶材料在生产过程中产生的固体废弃物应如何回收处理？

（11）中药材提取过程中的废液应如何回收处理？

2. 特种设备安全思考题

（12）学生在实验室做实验，当气体钢瓶使用后，可以不关闭阀门吗？

（13）当巡查实验室时，若打开门闻到燃气气味，巡查人员要迅速采取什么措施，以防止引起火灾？

（14）当发现实验室仪器设备用电或线路发生故障着火时，工作人员立即将设备转移，并组织人员用灭火器进行灭火。这样做对吗？

（15）灭火器上的压力表用红、黄、绿三色表示灭火器的压力情况。当巡查时，发现指针指在红色区域，这时应该采取什么措施？

（16）公共场所安全出口的疏散门应该向外开启还是向内开启？为什么？

（17）使用灭火器时，要对着着火的哪个部位喷？为什么？

（18）若发现使用的气瓶外部出现鼓包的现象，应如何处理气瓶？

（19）压力表上刻度盘的红线是指气体装置的中间工作压力还是最高工作压力？

（20）压力容器的工作压力是指容器工作时的顶部压力还是底部压力？

3. 电气设备安全思考题

（21）在易燃易爆及有静电发生的实验室内，可以使用化纤用品吗？

（22）容易产生静电的场所，要保持一定的湿度。这种说法对吗？

（23）对有电源的电气设备，都可以采用试电笔测试其有无电吗？

（24）电气设备的开关须安装在地线上。这种说法对吗？

（25）只要接线板质量过硬，就可以随意串联。这种说法对吗？

4. 化学实验室安全思考题

（26）冷凝冷却设备上连接用的橡胶管必须用什么进行固定？目的是什么？

（27）将实验室产生的废液倒入废液收集桶时应该考虑什么原则？

（28）实验室使用完后的强酸、强碱，应该如何进行处理？要注意哪些环节？

（29）化学试剂或未知物可以直接用鼻子嗅气味，不用以手扇出少量气体来嗅闻。这种说法对吗？为什么？

（30）对于含汞、砷、锑、铋等离子的废液，实验室应该如何处理？

（31）在稀释浓硫酸时，应该如何进行操作？

（32）含有悬浮物的溶液加热时应加沸石，以避免暴沸。这种说法对吗？

（33）对于无机酸类废液，实验室可以收集后倒入过量的含碳酸钠或氢氧化钙的水溶液进行中和。这种说法对吗？

（34）进行萃取或洗涤操作时，为了防止物质高度浓缩而导致内部压力过大，应该注意及时排出产生的气体。这种说法对吗？

（35）低沸点溶剂保存于普通冰箱内以降低溶剂蒸气压。这种操作对吗？

（36）吸滤瓶及一些厚壁玻璃容器清洗后可直接放入温度较高的烘箱进行干

燥。这种说法对吗？

（37）低速离心机工作时可以打开观察。这种说法对吗？

（38）有毒的气体、容易挥发的气体，必须在哪里进行操作？

（39）水泵如果发生漏水，可以继续做实验吗？

（40）若活泼金属与水接触，观察不到反应，说明金属已经失去活性，可以丢弃。这种说法对吗？

（41）走廊如果宽敞通风，就可以存放危险化学品。这种说法对吗？

（42）氢气和氧气气瓶可以放在一个房间吗？

（43）危险化学品使用后的废弃物可以和生活垃圾一起混放。这种说法对吗？

（44）易挥发、易燃液体可以在阳光下存放。这种说法对吗？

（45）有机废液倒入水槽，只要再倒入大量自来水稀释就可以了吗？

（46）易燃物品加热时可采用封闭式电炉或加热套，不能采用明火。这种说法对吗？

（47）实验室使用仪器设备时，为避免线路负荷过大而引起火灾，功率1000瓦以上的设备不得共用一个接线板。这种说法对吗？

（48）实验室用电时，为保证安全用电，配电箱内所用的保险丝应该尽量粗。这种说法对吗？

（49）学生进入化学、化工、生物类实验室，可以不穿实验服。这种说法对吗？

（50）实验室内可以使用电炉、微波炉、电磁炉、电饭煲等电器取暖、做饭。这种说法对吗？

参 考 文 献

[1] 李五一. 高等学校实验室安全概论 [M]. 杭州：浙江摄影出版社，2006.
[2] 林锐，刘海峰，曾晖. 高校本科教学实验室构建化学药品信息化管理平台的探究 [J]. 信息系统工程（已录用，待出版）.
[3] 刘海峰，曾晖，王义珍，等. 高校本科教学实验室危险化学品源控制方法的探究 [J]. 广州化工（已录用，待出版）.
[4] 孙艳侠. 试论实验室安全管理对策 [J]. 实验室研究与探索，2005 (11)：133-136.

附件1

高等学校消防安全管理规定

中华人民共和国教育部、中华人民共和国公安部令第28号，
自2010年1月1日起施行

第一章　总则

第一条

为了加强和规范高等学校的消防安全管理，预防和减少火灾危害，保障师生员工生命财产和学校财产安全，根据消防法、高等教育法等法律、法规，制定本规定。

第二条

普通高等学校和成人高等学校（以下简称学校）的消防安全管理，适用本规定。驻校内其他单位的消防安全管理，按照本规定的有关规定执行。

第三条

学校在消防安全工作中，应当遵守消防法律、法规和规章，贯彻预防为主、防消结合的方针，履行消防安全职责，保障消防安全。

第四条

学校应当落实逐级消防安全责任制和岗位消防安全责任制，明确逐级和岗位消防安全职责，确定各级、各岗位消防安全责任人。

第五条

学校应当开展消防安全教育和培训，加强消防演练，提高师生员工的消防安全意识和自救逃生技能。

第六条

学校各单位和师生员工应当依法履行保护消防设施、预防火灾、报告火警和扑救初起火灾等维护消防安全的义务。

第七条

教育行政部门依法履行对高等学校消防安全工作的管理职责，检查、指导和监督高等学校开展消防安全工作，督促高等学校建立健全并落实消防安全责任制和消防安全管理制度。公安机关依法履行对高等学校消防安全工作的监督管理职责，加强消防监督检查，指导和监督高等学校做好消防安全工作。

第二章　消防安全责任

第八条

学校法定代表人是学校消防安全责任人，全面负责学校消防安全工作，履行下列消防安全职责：（一）贯彻落实消防法律、法规和规章，批准实施学校消防安全责任制、学校消防安全管理制度；（二）批准消防安全年度工作计划、年度

经费预算，定期召开学校消防安全工作会议；（三）提供消防安全经费保障和组织保障；（四）督促开展消防安全检查和重大火灾隐患整改，及时处理涉及消防安全的重大问题；（五）依法建立志愿消防队等多种形式的消防组织，开展群众性自防自救工作；（六）与学校二级单位负责人签订消防安全责任书；（七）组织制定灭火和应急疏散预案；（八）促进消防科学研究和技术创新；（九）法律、法规规定的其他消防安全职责。

第九条

分管学校消防安全的校领导是学校消防安全管理人，协助学校法定代表人负责消防安全工作，履行下列消防安全职责：（一）组织制定学校消防安全管理制度，组织、实施和协调校内各单位的消防安全工作；（二）组织制定消防安全年度工作计划；（三）审核消防安全工作年度经费预算；（四）组织实施消防安全检查和火灾隐患整改；（五）督促落实消防设施、器材的维护、维修及检测，确保其完好有效，确保疏散通道、安全出口、消防车通道畅通；（六）组织管理志愿消防队等消防组织；（七）组织开展师生员工消防知识、技能的宣传教育和培训，组织灭火和应急疏散预案的实施和演练；（八）协助学校消防安全责任人做好其他消防安全工作。其他校领导在分管工作范围内对消防工作负有领导、监督、检查、教育和管理职责。

第十条

学校必须设立或者明确负责日常消防安全工作的机构（以下简称学校消防机构），配备专职消防管理人员，履行下列消防安全职责：（一）拟订学校消防安全年度工作计划、年度经费预算，拟订学校消防安全责任制、灭火和应急疏散预案等消防安全管理制度，并报学校消防安全责任人批准后实施；（二）监督检查校内各单位消防安全责任制的落实情况；（三）监督检查消防设施、设备、器材的使用与管理以及消防基础设施的运转，定期组织检验、检测和维修；（四）确定学校消防安全重点单位（部位）并监督指导其做好消防安全工作；（五）监督检查有关单位做好易燃易爆等危险品的储存、使用和管理工作，审批校内各单位动用明火作业；（六）开展消防安全教育培训，组织消防演练，普及消防知识，提高师生员工的消防安全意识、扑救初起火灾和自救逃生技能；（七）定期对志愿消防队等消防组织进行消防知识和灭火技能培训；（八）推进消防安全技术防范工作，做好技术防范人员上岗培训工作；（九）受理驻校内其他单位在校内和学校、校内各单位新建、扩建、改建及装饰装修工程和公众聚集场所投入使用、营业前消防行政许可或者备案手续的校内备案审查工作，督促其向公安机关消防机构进行申报，协助公安机关消防机构进行建设工程消防设计审核、消防验收或者备案以及公众聚集场所投入使用、营业前消防安全检查工作；（十）建立健全学校消防工作档案及消防安全隐患台账；（十一）按照工作要求上报有关信息数据；（十二）协助公安机关消防机构调查处理火灾事故，协助有关部门做好火灾事故处理及善后工作。

第十一条

学校二级单位和其他驻校单位应当履行下列消防安全职责：（一）落实学校的消防安全管理规定，结合本单位实际制定并落实本单位的消防安全制度和消防安全操作规程；（二）建立本单位的消防安全责任考核、奖惩制度；（三）开展经常性的消防安全教育、培训及演练；（四）定期进行防火检查，做好检查记录，及时消除火灾隐患；（五）按规定配置消防设施、器材并确保其完好有效；（六）按规定设置安全疏散指示标志和应急照明设施，并保证疏散通道、安全出口畅通；（七）消防控制室配备消防值班人员，制定值班岗位职责，做好监督检查工作；（八）新建、扩建、改建及装饰装修工程报学校消防机构备案；（九）按照规定的程序与措施处置火灾事故；（十）学校规定的其他消防安全职责。

第十二条

校内各单位主要负责人是本单位消防安全责任人，驻校内其他单位主要负责人是该单位消防安全责任人，负责本单位的消防安全工作。

第十三条

除本规定第十一条外，学生宿舍管理部门还应当履行下列安全管理职责：（一）建立由学生参加的志愿消防组织，定期进行消防演练；（二）加强学生宿舍用火、用电安全教育与检查；（三）加强夜间防火巡查，发现火灾立即组织扑救和疏散学生。

第三章　消防安全管理

第十四条

学校应当将下列单位（部位）列为学校消防安全重点单位（部位）：（一）学生宿舍、食堂（餐厅）、教学楼、校医院、体育场（馆）、会堂（会议中心）、超市（市场）、宾馆（招待所）、托儿所、幼儿园以及其他文体活动、公共娱乐等人员密集场所；（二）学校网络、广播电台、电视台等传媒部门和驻校内邮政、通信、金融等单位；（三）车库、油库、加油站等部位；（四）图书馆、展览馆、档案馆、博物馆、文物古建筑；（五）供水、供电、供气、供热等系统；（六）易燃易爆等危险化学物品的生产、充装、储存、供应、使用部门；（七）实验室、计算机房、电化教学中心和承担国家重点科研项目或配备有先进精密仪器设备的部位，监控中心、消防控制中心；（八）学校保密要害部门及部位；（九）高层建筑及地下室、半地下室；（十）建设工程的施工现场以及有人员居住的临时性建筑；（十一）其他发生火灾可能性较大以及一旦发生火灾可能造成重大人身伤亡或者财产损失的单位（部位）。重点单位和重点部位的主管部门，应当按照有关法律法规和本规定履行消防安全管理职责，设置防火标志，实行严格消防安全管理。

第十五条

在学校内举办文艺、体育、集会、招生和就业咨询等大型活动和展览，主办单位应当确定专人负责消防安全工作，明确并落实消防安全职责和措施，保证消防设施和消防器材配置齐全、完好有效，保证疏散通道、安全出口、疏散指示标志、应急照明和消防车通道符合消防技术标准和管理规定，制定灭火和应急疏散预案并组织演练，并经学校消防机构对活动现场检查合格后方可举办。依法应当报请当地人民政府有关部门审批的，经有关部门审核同意后方可举办。

第十六条

学校应当按照国家有关规定，配置消防设施和器材，设置消防安全疏散指示标志和应急照明设施，每年组织检测维修，确保消防设施和器材完好有效。学校应当保障疏散通道、安全出口、消防车通道畅通。

第十七条

学校进行新建、改建、扩建、装修、装饰等活动，必须严格执行消防法规和国家工程建设消防技术标准，并依法办理建设工程消防设计审核、消防验收或者备案手续。学校各项工程及驻校内各单位在校内的各项工程消防设施的招标和验收，应当有学校消防机构参加。施工单位负责施工现场的消防安全，并接受学校消防机构的监督、检查。竣工后，建筑工程的有关图纸、资料、文件等应当报学校档案机构和消防机构备案。

第十八条

地下室、半地下室和用于生产、经营、储存易燃易爆、有毒有害等危险物品场所的建筑不得用作学生宿舍。生产、经营、储存其他物品的场所与学生宿舍等居住场所设置在同一建筑物内的，应当符合国家工程建设消防技术标准。学生宿舍、教室和礼堂等人员密集场所，禁止违规使用大功率电器，在门窗、阳台等部位不得设置影响逃生和灭火救援的障碍物。

第十九条

利用地下空间开设公共活动场所，应当符合国家有关规定，并报学校消防机构备案。

第二十条

学校消防控制室应当配备专职值班人员，持证上岗。消防控制室不得挪作他用。

第二十一条

学校购买、储存、使用和销毁易燃易爆等危险品，应当按照国家有关规定严格管理、规范操作，并制定应急处置预案和防范措施。学校对管理和操作易燃易爆等危险品的人员，上岗前必须进行培训，持证上岗。

第二十二条

学校应当对动用明火实行严格的消防安全管理。禁止在具有火灾、爆炸危险的场所吸烟、使用明火；因特殊原因确需进行电、气焊等明火作业的，动火单位和人员应当向学校消防机构申办审批手续，落实现场监管人，采取相应的消防安全措施。作业人员应当遵守消防安全规定。

第二十三条

学校内出租房屋的，当事人应当签订房屋租赁合同，明确消防安全责任。出租方负责对出租房屋的消防安全管理。学校授权的管理单位应当加强监督检查。外来务工人员的消防安全管理由校内用人单位负责。

第二十四条

发生火灾时，学校应当及时报警并立即启动应急预案，迅速扑救初起火灾，及时疏散人员。学校应当在火灾事故发生后两个小时内向所在地教育行政主管部门报告。较大以上火灾同时报教育部。火灾扑灭后，事故单位应当保护现场并接受事故调查，协助公安机关消防机构调查火灾原因、统计火灾损失。未经公安机关消防机构同意，任何人不得擅自清理火灾现场。

第二十五条

学校及其重点单位应当建立健全消防档案。消防档案应当全面反映消防安全和消防安全管理情况，并根据情况变化及时更新。

第四章　消防安全检查和整改

第二十六条

学校每季度至少进行一次消防安全检查。检查的主要内容包括：（一）消防安全宣传教育及培训情况；（二）消防安全制度及责任制落实情况；（三）消防安全工作档案建立健全情况；（四）单位防火检查及每日防火巡查落实及记录情况；（五）火灾隐患和隐患整改及防范措施落实情况；（六）消防设施、器材配置及完好有效情况；（七）灭火和应急疏散预案的制定和组织消防演练情况；（八）其他需要检查的内容。

第二十七条

学校消防安全检查应当填写检查记录，检查人员、被检查单位负责人或者相关人员应当在检查记录上签名，发现火灾隐患应当及时填发《火灾隐患整改通知书》。

第二十八条

校内各单位每月至少进行一次防火检查。检查的主要内容包括：（一）火灾隐患和隐患整改情况以及防范措施的落实情况；（二）疏散通道、疏散指示标志、应急照明和安全出口情况；（三）消防车通道、消防水源情况；（四）消防设施、器材配置及有效情况；（五）消防安全标志设置及其完好、有效情况；（六）用火、用电有无违章情况；（七）重点工种人员以及其他员工消防知识掌握情况；（八）消防安全重点单位（部位）管理情况；（九）易燃易爆危险物品和场所防火防爆措施落实情况以及其他重要物资防火安全情况；（十）消防（控制室）值班情况和设施、设备运行、记录情况；（十一）防火巡查落实及记录情况；（十二）其他需要检查的内容。防火检查应当填写检查记录。检查人员和被检查部门负责人应当在检查记录上签名。

第二十九条

校内消防安全重点单位（部位）应当进行每日防火巡查，并确定巡查的人员、内容、部位和频次。其他单位可以根据需要组织防火巡查。巡查的内容主要包括：（一）用火、用电有无违章情况；（二）安全出口、疏散通道是否畅通，安全疏散指示标志、应急照明是否完好；（三）消防设施、器材和消防安全标志是否在位、完整；（四）常闭式防火门是否处于关闭状态，防火卷帘下是否堆放物品影响使用；（五）消防安全重点部位的人员在岗情况；（六）其他消防安全情况。校医院、学生宿舍、公共教室、实验室、文物古建筑等应当加强夜间防火巡查。防火巡查人员应当及时纠正消防违章行为，妥善处置火灾隐患，无法当场处置的，应当立即报告。发现初起火灾应当立即报警、通知人员疏散、及时扑救。防火巡查应当填写巡查记录，巡查人员及其主管人员应当在巡查记录上签名。

第三十条

对下列违反消防安全规定的行为，检查、巡查人员应当责成有关人员改正并督促落实：（一）消防设施、器材或者消防安全标志的配置、设置不符合国家标准、行业标准，或者未保持完好有效的；（二）损坏、挪用或者擅自拆除、停用消防设施、器材的；（三）占用、堵塞、封闭消防通道、安全出口的；（四）埋压、圈占、遮挡消火栓或者占用防火间距的；（五）占用、堵塞、封闭消防车通道，妨碍消防车通行的；（六）人员密集场所在门窗上设置影响逃生和灭火救援的障碍物的；（七）常闭式防火门处于开启状态，防火卷帘下堆放物品影响使用的；（八）违章进入易燃易爆危险物品生产、储存等场所的；（九）违章使用明火作业或者在具有火灾、爆炸危险的场所吸烟、使用明火等违反禁令的；（十）消防设施管理、值班人员和防火巡查人员脱岗的；（十一）对火灾隐患经公安机关消防机构通知后不及时采取措施消除的；（十二）其他违反消防安全管理规定的行为。

第三十一条

学校对教育行政主管部门和公安机关消防机构、公安派出所指出的各类火灾隐患，应当及时予以核查、消除。对公安机关消防机构、公安派出所责令限期改正的火灾隐患，学校应当在规定的期限内整改。

第三十二条

对不能及时消除的火灾隐患，隐患单位应当及时向学校及相关单位的消防安全责任人或者消防安全工作主管领导报告，提出整改方案，确定整改措施、期限以及负责整改的部门、人员，并落实整改资金。火灾隐患尚未消除的，隐患单位应当落实防范措施，保障消防安全。对于随时可能引发火灾或者一旦发生火灾将严重危及人身安全的，应当将危险部位停止使用或停业整改。

第三十三条

对于涉及城市规划布局等学校无力解决的重大火灾隐患，学校应当及时向其上级主管部门或者当地人民政府报告。

第三十四条

火灾隐患整改完毕，整改单位应当将整改情况记录报送相应的消防安全工作责任人或者消防安全工作主管领导签字确认后存档备查。

第五章　消防安全教育和培训

第三十五条

学校应当将师生员工的消防安全教育和培训纳入学校消防安全年度工作计划。消防安全教育和培训的主要内容包括：（一）国家消防工作方针、政策，消防法律、法规；（二）本单位、本岗位的火灾危险性，火灾预防知识和措施；（三）有关消防设施的性能、灭火器材的使用方法；（四）报火警、扑救初起火灾和自救互救技能；（五）组织、引导在场人员疏散的方法。

第三十六条

学校应当采取下列措施对学生进行消防安全教育，使其了解防火、灭火知识，掌握报警、扑救初起火灾和自救、逃生方法。（一）开展学生自救、逃生等防火安全常识的模拟演练，每学年至少组织一次学生消防演练；（二）根据消防安全教育的需要，将消防安全知识纳入教学和培训内容；（三）对每届新生进行不低于4学时的消防安全教育和培训；（四）对进入实验室的学生进行必要的安全技能和操作规程培训；（五）每学年至少举办一次消防安全专题讲座，并在校园网络、广播、校内报刊开设消防安全教育栏目。

第三十七条

学校二级单位应当组织新上岗和进入新岗位的员工进行上岗前的消防安全培训。消防安全重点单位（部位）对员工每年至少进行一次消防安全培训。

第三十八条

下列人员应当依法接受消防安全培训：（一）学校及各二级单位的消防安全责任人、消防安全管理人；（二）专职消防管理人员、学生宿舍管理人员；（三）消防控制室的值班、操作人员；（四）其他依照规定应当接受消防安全培训的人员。前款规定中的第（三）项人员必须持证上岗。

第六章　灭火、应急疏散预案和演练

第三十九条

学校、二级单位、消防安全重点单位（部位）应当制定相应的灭火和应急疏散预案，建立应急反应和处置机制，为火灾扑救和应急救援工作提供人员、装备等保障。灭火和应急疏散预案应当包括以下内容：（一）组织机构：指挥协调组、灭火行动组、通讯联络组、疏散引导组、安全防护救护组；（二）报警和接警处置程序；（三）应急疏散的组织程序和措施；（四）扑救初起火灾的程序和措施；（五）通讯联络、安全防护救护的程序和措施。（六）其他需要明确的内容。

第四十条

学校实验室应当有针对性地制定突发事件应急处置预案，并将应急处置预案涉及的生物、化学及易燃易爆物品的种类、性质、数量、危险性和应对措施及处置药品的名称、产地和储备等内容报学校消防机构备案。

第四十一条

校内消防安全重点单位应当按照灭火和应急疏散预案每半年至少组织一次消防演练，并结合实际，不断完善预案。消防演练应当设置明显标识并事先告知演练范围内的人员，避免意外事故发生。

第七章　消防经费

第四十二条

学校应当将消防经费纳入学校年度经费预算，保证消防经费投入，保障消防工作的需要。

第四十三条

学校日常消防经费用于校内灭火器材的配置、维修、更新，灭火和应急疏散预案的备用设施、材料，以及消防宣传教育、培训等，保证学校消防工作正常开展。

第四十四条

学校安排专项经费，用于解决火灾隐患，维修、检测、改造消防专用给水管网、消防专用供水系统、灭火系统、自动报警系统、防排烟系统、消防通讯系统、消防监控系统等消防设施。

第四十五条

消防经费使用坚持专款专用、统筹兼顾、保证重点、勤俭节约的原则。任何单位和个人不得挤占、挪用消防经费。

第八章　奖惩

第四十六条

学校应当将消防安全工作纳入校内评估考核内容，对在消防安全工作中成绩突出的单位和个人给予表彰奖励。

第四十七条

对未依法履行消防安全职责、违反消防安全管理制度，或者擅自挪用、损坏、破坏消防器材、设施等违反消防安全管理规定的，学校应当责令其限期整改，给予通报批评；对直接负责的主管人员和其他直接责任人员根据情节轻重给予警告等相应的处分。前款涉及民事损失、损害的，有关责任单位和责任人应当依法承担民事责任。

第四十八条

学校违反消防安全管理规定或者发生重特大火灾的，除依据消防法的规定进行处罚外，教育行政部门应当取消其当年评优资格，并按照国家有关规定对有关主管人员和责任人员依法予以处分。

第九章　附则

第四十九条

学校应当依据本规定，结合本校实际，制定本校消防安全管理办法。高等学校以外的其他高等教育机构的消防安全管理，参照本规定执行。

第五十条

本规定所称学校二级单位，包括学院、系、处、所、中心等。

第五十一条

本规定自 2010 年 1 月 1 日起施行。

（来源：中华人民共和国教育部网站 http://www.moe.gov.cn/s78/A02/zfs_left/s5911/moe_621/201001/t20100129_170433.html）

附件2
管制类商品清单

一、剧毒化学品

根据《危险化学品目录（2015版）》（2015年第5号）整理。

剧毒化学品目录（148种）

序号	品名	别名	CAS号	备注
4	5-氨基-3-苯基-1-[双(N，N-二甲基氨基氧膦基)]-1，2，4-三唑[含量>20%]	威菌磷	1031-47-6	剧毒1
20	3-氨基丙烯	烯丙胺	107-11-9	剧毒2
40	八氟异丁烯	全氟异丁烯；1，1，3，3，3-五氟-2-（三氟甲基）-1-丙烯	382-21-8	剧毒3
41	八甲基焦磷酰胺	八甲磷	152-16-9	剧毒4
42	1，3，4，5，6，7，8，8-八氯-1，3，3a，4，7，7a-六氢-4，7-甲撑异苯并呋喃[含量>1%]	八氯六氢亚甲基苯并呋喃；碳氯灵	297-78-9	剧毒5
71	苯基硫醇	苯硫酚；巯基苯；硫代苯酚	108-98-5	剧毒6
88	苯胂化二氯	二氯化苯胂；二氯苯胂	696-28-6	剧毒7
99	1-（3-吡啶甲基）-3-（4-硝基苯基）脲	1-（4-硝基苯基）-3-（3-吡啶基甲基）脲；灭鼠优	53558-25-1	剧毒8
121	丙腈	乙基氰	107-12-0	剧毒9
123	2-丙炔-1-醇	丙炔醇；炔丙醇	107-19-7	剧毒10
138	丙酮氰醇	丙酮合氰化氢；2-羟基异丁腈；氰丙醇	75-86-5	剧毒11
141	2-丙烯-1-醇	烯丙醇；蒜醇；乙烯甲醇	107-18-6	剧毒12
155	丙烯亚胺	2-甲基氮丙啶；2-甲基乙撑亚胺；丙撑亚胺	75-55-8	剧毒13
217	叠氮化钠	三氮化钠	26628-22-8	剧毒14
241	3-丁烯-2-酮	甲基乙烯基酮；丁烯酮	78-94-4	剧毒15

续上表

序号	品名	别名	CAS号	备注
258	1-（对氯苯基）-2，8，9-三氧-5-氮-1-硅双环（3，3，3）十二烷	毒鼠硅；氯硅宁；硅灭鼠	29025-67-0	剧毒16
321	2-（二苯基乙酰基）-2，3-二氢-1，3-茚二酮	2-（2，2-二苯基乙酰基）-1，3-茚满二酮；敌鼠	82-66-6	剧毒17
339	1，3-二氟丙-2-醇（Ⅰ）与1-氯-3-氟丙-2-醇（Ⅱ）的混合物	鼠甘伏；甘氟	8065-71-2	剧毒18
340	二氟化氧	一氧化二氟	7783-41-7	剧毒19
367	O-O-二甲基-O-（2-甲氧甲酰基-1-甲基）乙烯基磷酸酯［含量>5%］	甲基-3-［（二甲氧基磷酰基）氧代］-2-丁烯酸酯；速灭磷	7786-34-7	剧毒20
385	二甲基-4-（甲基硫代）苯基磷酸酯	甲硫磷	3254-63-5	剧毒21
393	（E）-O，O-二甲基-O-［1-甲基-2-（二甲基氨基甲酰）乙烯基］磷酸酯［含量>25%］	3-二甲氧基磷氧基-N，N-二甲基异丁烯酰胺；百治磷	141-66-2	剧毒22
394	O，O-二甲基-O-［1-甲基-2-（甲基氨基甲酰）乙烯基］磷酸酯［含量>0.5%］	久效磷	6923-22-4	剧毒23
410	N，N-二甲基氨基乙腈	2-（二甲氨基）乙腈	926-64-7	剧毒24
434	O，O-二甲基-对硝基苯基磷酸酯	甲基对氧磷	950-35-6	剧毒25
461	1，1-二甲基肼	二甲基肼［不对称］；N，N-二甲基肼	57-14-7	剧毒26
462	1，2-二甲基肼	二甲基肼［对称］	540-73-8	剧毒27
463	O，O′-二甲基硫代磷酰氯	二甲基硫代磷酰氯	2524-03-0	剧毒28
481	二甲双胍	双甲胍；马钱子碱	57-24-9	剧毒29
486	二甲氧基马钱子碱	士的宁（番木鳖碱）	357-57-3	剧毒30

续上表

序号	品名	别名	CAS 号	备注
568	2，3－二氢－2，2－二甲基苯并呋喃－7－基－N－甲基氨基甲酸酯	克百威	1563－66－2	剧毒 31
572	2，6－二噻－1，3，5，7－四氮三环－［3，3，1，1，3，7］癸烷－2，2，6，6－四氧化物	毒鼠强	80－12－6	剧毒 32
648	S－［2－（二乙氨基）乙基］－O，O－二乙基硫赶磷酸酯	胺吸磷	78－53－5	剧毒 33
649	N－二乙氨基乙基氯	2－氯乙基二乙胺	100－35－6	剧毒 34
654	O，O－二乙基－N－（1，3－二硫戊环－2－亚基）磷酰胺［含量＞15%］	2－（二乙氧基磷酰亚氨基）－1，3－二硫戊环；硫环磷	947－02－4	剧毒 35
655	O，O－二乙基－N－（4－甲基－1，3－二硫戊环－2－亚基）磷酰胺［含量＞5%］	二乙基（4－甲基－1，3－二硫戊环－2－叉氨基）磷酸酯；地胺磷	950－10－7	剧毒 36
656	O，O－二乙基－N－1，3－二噻丁环－2－亚基磷酰胺	丁硫环磷	21548－32－3	剧毒 37
658	O，O－二乙基－O－（2－乙硫基乙基）硫代磷酸酯与O，O－二乙基－S－（2－乙硫基乙基）硫代磷酸酯的混合物［含量＞3%］	内吸磷	8065－48－3	剧毒 38
660	O，O－二乙基－O－（4－甲基香豆素基－7）硫代磷酸酯	扑杀磷	299－45－6	剧毒 39
661	O，O－二乙基－O－（4－硝基苯基）磷酸酯	对氧磷	311－45－5	剧毒 40
662	O，O－二乙基－O－（4－硝基苯基）硫代磷酸酯［含量＞4%］	对硫磷	56－38－2	剧毒 41
665	O，O－二乙基－O－［2－氯－1－（2，4－二氯苯基）乙烯基］磷酸酯［含量＞20%］	2－氯－1－（2，4－二氯苯基）乙烯基二乙基磷酸酯；毒虫畏	470－90－6	剧毒 42

续上表

序号	品名	别名	CAS 号	备注
667	O，O－二乙基－O－2－吡嗪基硫代磷酸酯［含量>5%］	虫线磷	297－97－2	剧毒 43
672	O，O－二乙基－S－（2－乙硫基乙基）二硫代磷酸酯［含量>15%］	乙拌磷	298－04－4	剧毒 44
673	O，O－二乙基－S－（4－甲基亚磺酰基苯基）硫代磷酸酯［含量>4%］	丰索磷	115－90－2	剧毒 45
675	O，O－二乙基－S－（对硝基苯基）硫代磷酸	硫代磷酸－O，O－二乙基－S－（4－硝基苯基）酯	3270－86－8	剧毒 46
676	O，O－二乙基－S－（乙硫基甲基）二硫代磷酸酯	甲拌磷	298－02－2	剧毒 47
677	O，O－二乙基－S－（异丙基氨基甲酰甲基）二硫代磷酸酯［含量>15%］	发硫磷	2275－18－5	剧毒 48
679	O，O－二乙基－S－氯甲基二硫代磷酸酯［含量>15%］	氯甲硫磷	24934－91－6	剧毒 49
680	O，O－二乙基－S－叔丁基硫甲基二硫代磷酸酯	特丁硫磷	13071－79－9	剧毒 50
692	二乙基汞	二乙汞	627－44－1	剧毒 51
732	氟		7782－41－4	剧毒 52
780	氟乙酸	氟醋酸	144－49－0	剧毒 53
783	氟乙酸甲酯		453－18－9	剧毒 54
784	氟乙酸钠	氟醋酸钠	62－74－8	剧毒 55
788	氟乙酰胺		640－19－7	剧毒 56
849	癸硼烷	十硼烷；十硼氢	17702－41－9	剧毒 57
1008	4－己烯－1－炔－3－醇		10138－60－0	剧毒 58
1041	3－（1－甲基－2－四氢吡咯基）吡啶硫酸盐	硫酸化烟碱	65－30－5	剧毒 59
1071	2－甲基－4，6－二硝基酚	4，6－二硝基邻甲苯酚；二硝酚	534－52－1	剧毒 60
1079	O－甲基－S－甲基－硫代磷酰胺	甲胺磷	10265－92－6	剧毒 61

续上表

序号	品名	别名	CAS 号	备注
1081	O－甲基氨基甲酰基－2－甲基－2－（甲硫基）丙醛肟	涕灭威	116－06－3	剧毒 62
1082	O－甲基氨基甲酰基－3，3－二甲基－1－（甲硫基）丁醛肟	O－甲基氨基甲酰基－3，3－二甲基－1－（甲硫基）丁醛肟；久效威	39196－18－4	剧毒 63
1097	（S）－3－（1－甲基吡咯烷－2－基）吡啶	烟碱；尼古丁；1－甲基－2－（3－吡啶基）吡咯烷	54－11－5	剧毒 64
1126	甲基磺酰氯	氯化硫酰甲烷；甲烷磺酰氯	124－63－0	剧毒 65
1128	甲基肼	一甲肼；甲基联氨	60－34－4	剧毒 66
1189	甲烷磺酰氟	甲磺氟酰；甲基磺酰氟	558－25－8	剧毒 67
1202	甲藻毒素（二盐酸盐）	石房蛤毒素（盐酸盐）	35523－89－8	剧毒 68
1236	抗霉素 A		1397－94－0	剧毒 69
1248	镰刀菌酮 X		23255－69－8	剧毒 70
1266	磷化氢	磷化三氢；膦	7803－51－2	剧毒 71
1278	硫代磷酰氯	硫代氯化磷酰；三氯化硫磷；三氯硫磷	3982－91－0	剧毒 72
1327	硫酸三乙基锡		57－52－3	剧毒 73
1328	硫酸铊	硫酸亚铊	7446－18－6	剧毒 74
1332	六氟－2，3－二氯－2－丁烯	2，3－二氯六氟－2－丁烯	303－04－8	剧毒 75
1351	（1R，4S，4aS，5R，6R，7S，8S，8aR）－1，2，3，4，10，10－六氯－1，4，4a，5，6，7，8，8a－八氢－6，7－环氧－1，4，5，8－二亚甲基萘［含量 2%～90%］	狄氏剂	60－57－1	剧毒 76
1352	（1R，4S，5R，8S）－1，2，3，4，10，10－六氯－1，4，4a，5，6，7，8，8a－八氢－6，7－环氧－1，4；5，8－二亚甲基萘［含量＞5%］	异狄氏剂	72－20－8	剧毒 77

续上表

序号	品名	别名	CAS 号	备注
1353	1，2，3，4，10，10－六氯－1，4，4a，5，8，8a－六氢－1，4－挂－5，8－挂二亚甲基萘［含量>10%］	异艾氏剂	465－73－6	剧毒 78
1354	1，2，3，4，10，10－六氯－1，4，4a，5，8，8a－六氢－1，4：5，8－桥，挂－二甲撑萘［含量>75%］	六氯－六氢－二甲撑萘；艾氏剂	309－00－2	剧毒 79
1358	六氯环戊二烯	全氯环戊二烯	77－47－4	剧毒 80
1381	氯	液氯；氯气	7782－50－5	剧毒 81
1422	2－［（RS）－2－（4－氯苯基）－2－苯基乙酰基］－2，3－二氢－1，3－茚二酮［含量>4%］	2－（苯基对氯苯基乙酰）茚满－1，3－二酮；氯鼠酮	3691－35－8	剧毒 82
1442	氯代磷酸二乙酯	氯化磷酸二乙酯	814－49－3	剧毒 83
1464	氯化汞	氯化高汞；二氯化汞；升汞	7487－94－7	剧毒 84
1476	氯化氰	氰化氯；氯甲腈	506－77－4	剧毒 85
1502	氯甲基甲醚	甲基氯甲醚；氯二甲醚	107－30－2	剧毒 86
1509	氯甲酸甲酯	氯碳酸甲酯	79－22－1	剧毒 87
1513	氯甲酸乙酯	氯碳酸乙酯	541－41－3	剧毒 88
1549	2－氯乙醇	乙撑氯醇；氯乙醇	107－07－3	剧毒 89
1637	2－羟基丙腈	乳腈	78－97－7	剧毒 90
1642	羟基乙腈	乙醇腈	107－16－4	剧毒 91
1646	羟甲唑啉（盐酸盐）		2315－02－8	剧毒 92
1677	氰胍甲汞	氰甲汞胍	502－39－6	剧毒 93
1681	氰化镉		542－83－6	剧毒 94
1686	氰化钾	山奈钾	151－50－8	剧毒 95
1688	氰化钠	山奈	143－33－9	剧毒 96
1693	氰化氢	无水氢氰酸	74－90－8	剧毒 97
1704	氰化银钾	银氰化钾	506－61－6	剧毒 98
1723	全氯甲硫醇	三氯硫氯甲烷；过氯甲硫醇；四氯硫代碳酰	594－42－3	剧毒 99

续上表

序号	品名	别名	CAS 号	备注
1735	乳酸苯汞三乙醇胺		23319－66－6	剧毒 100
1854	三氯硝基甲烷	氯化苦；硝基三氯甲烷	76－06－2	剧毒 101
1912	三氧化二砷	白砒；砒霜；亚砷酸酐	1327－53－3	剧毒 102
1923	三正丁胺	三丁胺	102－82－9	剧毒 103
1927	砷化氢	砷化三氢；胂	7784－42－1	剧毒 104
1998	双（1－甲基乙基）氟磷酸酯	二异丙基氟磷酸酯；丙氟磷	55－91－4	剧毒 105
1999	双（2－氯乙基）甲胺	氮芥；双（氯乙基）甲胺	51－75－2	剧毒 106
2000	5－［双（2－氯乙基）氨基］－2，4－（1H，3H）嘧啶二酮	尿嘧啶芳芥；嘧啶苯芥	66－75－1	剧毒 107
2003	O，O－双（4－氯苯基）N－（1－亚氨基）乙基硫代磷酸胺	毒鼠磷	4104－14－7	剧毒 108
2005	双（二甲氨基）磷酰氟［含量＞2%］	甲氟磷	115－26－4	剧毒 109
2047	2，3，7，8－四氯二苯并对二恶英	二恶英；2，3，7，8－TCDD；四氯二苯二恶英	1746－01－6	剧毒 110
2067	3－（1，2，3，4－四氢－1－萘基）－4－羟基香豆素	杀鼠醚	5836－29－3	剧毒 111
2078	四硝基甲烷		509－14－8	剧毒 112
2087	四氧化锇	锇酸酐	20816－12－0	剧毒 113
2091	O，O，O′，O′－四乙基二硫代焦磷酸酯	治螟磷	3689－24－5	剧毒 114
2092	四乙基焦磷酸酯	特普	107－49－3	剧毒 115
2093	四乙基铅	发动机燃料抗爆混合物	78－00－2	剧毒 116
2115	碳酰氯	光气	75－44－5	剧毒 117
2118	羰基镍	四羰基镍；四碳酰镍	13463－39－3	剧毒 118
2133	乌头碱	附子精	302－27－2	剧毒 119
2138	五氟化氯		13637－63－3	剧毒 120
2144	五氯苯酚	五氯酚	87－86－5	剧毒 121

续上表

序号	品名	别名	CAS 号	备注
2147	2，3，4，7，8－五氯二苯并呋喃	2，3，4，7，8－PCDF	57117－31－4	剧毒 122
2153	五氯化锑	过氯化锑；氯化锑	7647－18－9	剧毒 123
2157	五羰基铁	羰基铁	13463－40－6	剧毒 124
2163	五氧化二砷	砷酸酐；五氧化砷；氧化砷	1303－28－2	剧毒 125
2177	戊硼烷	五硼烷	19624－22－7	剧毒 126
2198	硒酸钠		13410－01－0	剧毒 127
2222	2－硝基－4－甲氧基苯胺	枣红色基 GP	96－96－8	剧毒 128
2413	3－［3－（4′－溴联苯－4－基）－1，2，3，4－四氢－1－萘基］－4－羟基香豆素	溴鼠灵	56073－10－0	剧毒 129
2414	3－［3－（4－溴联苯－4－基）－3－羟基－1－苯丙基］－4－羟基香豆素	溴敌隆	28772－56－7	剧毒 130
2460	亚砷酸钙	亚砒酸钙	27152－57－4	剧毒 131
2477	亚硒酸氢钠	重亚硒酸钠	7782－82－3	剧毒 132
2527	盐酸吐根碱	盐酸依米丁	316－42－7	剧毒 133
2533	氧化汞	一氧化汞；黄降汞；红降汞	21908－53－2	剧毒 134
2549	一氟乙酸对溴苯胺		351－05－3	剧毒 135
2567	乙撑亚胺 乙撑亚胺［稳定的］	吖丙啶；1－氮杂环丙烷；氮丙啶	151－56－4	剧毒 136
2588	O－乙基－O－（4－硝基苯基）苯基硫代磷酸酯［含量＞15%］	苯硫磷	2104－64－5	剧毒 137
2593	O－乙基－S－苯基乙基二硫代磷酸酯［含量＞6%］	地虫硫磷	944－22－9	剧毒 138
2626	乙硼烷	二硼烷	19287－45－7	剧毒 139
2635	乙酸汞	乙酸高汞；醋酸汞	1600－27－7	剧毒 140
2637	乙酸甲氧基乙基汞	醋酸甲氧基乙基汞	151－38－2	剧毒 141

续上表

序号	品名	别名	CAS 号	备注
2642	乙酸三甲基锡	醋酸三甲基锡	1118－14－5	剧毒 142
2643	乙酸三乙基锡	三乙基乙酸锡	1907－13－7	剧毒 143
2665	乙烯砜	二乙烯砜	77－77－0	剧毒 144
2671	N－乙烯基乙撑亚胺	N－乙烯基氮丙环	5628－99－9	剧毒 145
2685	1－异丙基－3－甲基吡唑－5－基 N，N－二甲基氨基甲酸酯［含量＞20%］	异索威	119－38－0	剧毒 146
2718	异氰酸苯酯	苯基异氰酸酯	103－71－9	剧毒 147
2723	异氰酸甲酯	甲基异氰酸酯	624－83－9	剧毒 148

（来源：中华人民共和国应急管理部网站 https://www.mem.gov.cn/gk/gwgg/201503/t20150309_241330.shtml）

二、易制毒化学品

见《易制毒化学品管理条例》（2005 年 8 月 26 日中华人民共和国国务院令第 445 号公布，根据 2014 年 7 月 29 日《国务院关于修改部分行政法规的决定》第一次修订，根据 2016 年 2 月 6 日《国务院关于修改部分行政法规的决定》第二次修订）。

易制毒化学品的分类和品种目录

第一类

1. 1－苯基－2－丙酮
2. 3,4－亚甲基二氧苯基－2－丙酮
3. 胡椒醛
4. 黄樟素
5. 黄樟油
6. 异黄樟素
7. N－乙酰邻氨基苯酸
8. 邻氨基苯甲酸
9. 麦角酸＊
10. 麦角胺＊
11. 麦角新碱＊
12. 麻黄素、伪麻黄素、消旋麻黄素、去甲麻黄素、甲基麻黄素、麻黄浸膏、麻黄浸膏粉等麻黄素类物质＊

第二类

1. 苯乙酸
2. 醋酸酐
3. 三氯甲烷
4. 乙醚
5. 哌啶

第三类

1. 甲苯
2. 丙酮
3. 甲基乙基酮
4. 高锰酸钾
5. 硫酸
6. 盐酸

说明：

1. 第一类、第二类所列物质可能存在的盐类，也纳入管制。

2. 带有 * 标记的品种为第一类中的药品类易制毒化学品，第一类中的药品类易制毒化学品包括原料药及其单方制剂。

（来源：中华人民共和国中央人民政府网站 http://www.gov.cn/gongbao/content/2016/content_ 5139415.htm）

三、易制爆化学品

见《公安部公布2017年版易制爆危险化学品名录》。

易制爆危险化学品名录（2017年版）

序号	品名	别名	CAS号	主要的燃爆危险性分类
1 酸类				
1.1	硝酸		7697－37－2	氧化性液体，类别3
1.2	发烟硝酸		52583－42－3	氧化性液体，类别1
1.3	高氯酸［浓度＞72%］	过氯酸	7601－90－3	氧化性液体，类别1
	高氯酸［浓度50%～72%］			氧化性液体，类别1
	高氯酸［浓度≤50%］			氧化性液体，类别2
2 硝酸盐类				
2.1	硝酸钠		7631－99－4	氧化性固体，类别3
2.2	硝酸钾		7757－79－1	氧化性固体，类别3
2.3	硝酸铯		7789－18－6	氧化性固体，类别3

续上表

序号	品名	别名	CAS 号	主要的燃爆危险性分类
2.4	硝酸镁		10377－60－3	氧化性固体，类别3
2.5	硝酸钙		10124－37－5	氧化性固体，类别3
2.6	硝酸锶		10042－76－9	氧化性固体，类别3
2.7	硝酸钡		10022－31－8	氧化性固体，类别2
2.8	硝酸镍	二硝酸镍	13138－45－9	氧化性固体，类别2
2.9	硝酸银		7761－88－8	氧化性固体，类别2
2.10	硝酸锌		7779－88－6	氧化性固体，类别2
2.11	硝酸铅		10099－74－8	氧化性固体，类别2
3　氯酸盐类				
3.1	氯酸钠		7775－09－9	氧化性固体，类别1
	氯酸钠溶液			氧化性液体，类别3 *
3.2	氯酸钾		3811－04－9	氧化性固体，类别1
	氯酸钾溶液			氧化性液体，类别3 *
3.3	氯酸铵		10192－29－7	爆炸物，不稳定爆炸物
4　高氯酸盐类				
4.1	高氯酸锂	过氯酸锂	7791－03－9	氧化性固体，类别2
4.2	高氯酸钠	过氯酸钠	7601－89－0	氧化性固体，类别1
4.3	高氯酸钾	过氯酸钾	7778－74－7	氧化性固体，类别1
4.4	高氯酸铵	过氯酸铵	7790－98－9	爆炸物，1.1 项 氧化性固体，类别1
5　重铬酸盐类				
5.1	重铬酸锂		13843－81－7	氧化性固体，类别2
5.2	重铬酸钠	红矾钠	10588－01－9	氧化性固体，类别2
5.3	重铬酸钾	红矾钾	7778－50－9	氧化性固体，类别2
5.4	重铬酸铵	红矾铵	7789－09－5	氧化性固体，类别2 *
6　过氧化物和超氧化物类				
6.1	过氧化氢溶液（含量＞8%）	双氧水	7722－84－1	(1) 含量≥60% 氧化性液体，类别1 (2) 20%≤含量＜60% 氧化性液体，类别2 (3) 8%＜含量＜20% 氧化性液体，类别3

续上表

序号	品名	别名	CAS 号	主要的燃爆危险性分类
6.2	过氧化锂	二氧化锂	12031－80－0	氧化性固体，类别2
6.3	过氧化钠	双氧化钠；二氧化钠	1313－60－6	氧化性固体，类别1
6.4	过氧化钾	二氧化钾	17014－71－0	氧化性固体，类别1
6.5	过氧化镁	二氧化镁	1335－26－8	氧化性液体，类别2
6.6	过氧化钙	二氧化钙	1305－79－9	氧化性固体，类别2
6.7	过氧化锶	二氧化锶	1314－18－7	氧化性固体，类别2
6.8	过氧化钡	二氧化钡	1304－29－6	氧化性固体，类别2
6.9	过氧化锌	二氧化锌	1314－22－3	氧化性固体，类别2
6.10	过氧化脲	过氧化氢尿素；过氧化氢脲	124－43－6	氧化性固体，类别3
6.11	过乙酸［含量≤16%，含水≥39%，含乙酸≥15%，含过氧化氢≤24%，含有稳定剂］	过醋酸；过氧乙酸；乙酰过氧化氢	79－21－0	有机过氧化物F型
	过乙酸［含量≤43%，含水≥5%，含乙酸≥35%，含过氧化氢≤6%，含有稳定剂］			易燃液体，类别3 有机过氧化物，D型
6.12	过氧化二异丙苯［52% < 含量≤100%］	二枯基过氧化物；硫化剂DCP	80－43－3	有机过氧化物，F型
6.13	过氧化氢苯甲酰	过苯甲酸	93－59－4	有机过氧化物，C型
6.14	超氧化钠		12034－12－7	氧化性固体，类别1
6.15	超氧化钾		12030－88－5	氧化性固体，类别1
7 易燃物还原剂类				
7.1	锂	金属锂	7439－93－2	遇水放出易燃气体的物质和混合物，类别1
7.2	钠	金属钠	7440－23－5	遇水放出易燃气体的物质和混合物，类别1
7.3	钾	金属钾	7440－09－7	遇水放出易燃气体的物质和混合物，类别1

续上表

序号	品名	别名	CAS 号	主要的燃爆危险性分类
7.4	镁		7439-95-4	(1) 粉末：自热物质和混合物，类别 1；遇水放出易燃气体的物质和混合物，类别 2 (2) 丸状、旋屑或带状：易燃固体，类别 2
7.5	镁铝粉	镁铝合金粉		遇水放出易燃气体的物质和混合物，类别 2；自热物质和混合物，类别 1
7.6	铝粉		7429-90-5	(1) 有涂层：易燃固体，类别 1 (2) 无涂层：遇水放出易燃气体的物质和混合物，类别 2
7.7	硅铝 硅铝粉		57485-31-1	遇水放出易燃气体的物质和混合物，类别 3
7.8	硫黄	硫	7704-34-9	易燃固体，类别 2
7.9	锌尘		7440-66-6	自热物质和混合物，类别 1；遇水放出易燃气体的物质和混合物，类别 1
	锌粉			自热物质和混合物，类别 1；遇水放出易燃气体的物质和混合物，类别 1
	锌灰			遇水放出易燃气体的物质和混合物，类别 3
7.10	金属锆		7440-67-7	易燃固体，类别 2
	金属锆粉	锆粉		自燃固体，类别 1；遇水放出易燃气体的物质和混合物，类别 1
7.11	六亚甲基四胺	六甲撑四胺；乌洛托品	100-97-0	易燃固体，类别 2

续上表

序号	品名	别名	CAS 号	主要的燃爆危险性分类
7.12	1，2－乙二胺	1，2－二氨基乙烷；乙撑二胺	107－15－3	易燃液体，类别3
7.13	一甲胺［无水］	氨基甲烷；甲胺	74－89－5	易燃气体，类别1
	一甲胺溶液	氨基甲烷溶液；甲胺溶液		易燃液体，类别1
7.14	硼氢化锂	氢硼化锂	16949－15－8	遇水放出易燃气体的物质和混合物，类别1
7.15	硼氢化钠	氢硼化钠	16940－66－2	遇水放出易燃气体的物质和混合物，类别1
7.16	硼氢化钾	氢硼化钾	13762－51－1	遇水放出易燃气体的物质和混合物，类别1
8 硝基化合物类				
8.1	硝基甲烷		75－52－5	易燃液体，类别3
8.2	硝基乙烷		79－24－3	易燃液体，类别3
8.3	2，4－二硝基甲苯		121－14－2	
8.4	2，6－二硝基甲苯		606－20－2	
8.5	1，5－二硝基萘		605－71－0	易燃固体，类别1
8.6	1，8－二硝基萘		602－38－0	易燃固体，类别1
8.7	二硝基苯酚［干的或含水<15%］		25550－58－7	爆炸物，1.1项
	二硝基苯酚溶液			
8.8	2，4－二硝基苯酚［含水≥15%］	1－羟基－2,4－二硝基苯	51－28－5	易燃固体，类别1
8.9	2，5－二硝基苯酚［含水≥15%］		329－71－5	易燃固体，类别1
8.10	2，6－二硝基苯酚［含水≥15%］		573－56－8	易燃固体，类别1
8.11	2，4－二硝基苯酚钠		1011－73－0	爆炸物，1.3项

续上表

序号	品名	别名	CAS 号	主要的燃爆危险性分类
9 其他				
9.1	硝化纤维素［干的或含水（或乙醇）<25%］	硝化棉		爆炸物，1.1 项
	硝化纤维素［含氮≤12.6%，含乙醇≥25%］			易燃固体，类别 1
	硝化纤维素［含氮≤12.6%］			易燃固体，类别 1
	硝化纤维素［含水≥25%］			易燃固体，类别 1
	硝化纤维素［含乙醇≥25%］			爆炸物，1.3 项
	硝化纤维素［未改型的，或增塑的，含增塑剂<18%］			爆炸物，1.1 项
	硝化纤维素溶液［含氮量≤12.6%，含硝化纤维素≤55%］	硝化棉溶液		易燃液体，类别 2
9.2	4,6－二硝基－2－氨基苯酚钠	苦氨酸钠		爆炸物，1.3 项
9.3	高锰酸钾	过锰酸钾；灰锰氧		氧化性固体，类别 2
9.4	高锰酸钠	过锰酸钠		氧化性固体，类别 2
9.5	硝酸胍	硝酸亚氨脲		氧化性固体，类别 3
9.6	水合肼	水合联氨		
9.7	2,2－双(羟甲基)1,3－丙二醇	季戊四醇；四羟甲基甲烷		

注：1. 各栏目的含义：

“序号”：《易制爆危险化学品名录》（2017 年版）中化学品的顺序号。

“品名”：根据《化学命名原则》（1980 年）确定的名称。

“别名”：除“品名”以外的其他名称，包括通用名、俗名等。

“CAS 号”：chemical abstract service 的缩写，是美国化学文摘社对化学品的唯一登记号，是检索化学物质有关信息资料最常用的编号。

“主要的燃爆危险性分类”：根据《化学品分类和标签规范》系列标准（GB 30000.2—2013 ～ GB 30000.29—2013）等国家标准，对某种化学品燃烧爆炸危险性进行的分类。

2. 除列明的条目外，无机盐类同时包括无水和含有结晶水的化合物。

3. 混合物之外无含量说明的条目，是指该条目的工业产品或者纯度高于工业产品的化学品。

4. 标记“＊”的类别，是指在有充分依据的条件下，该化学品可以采用更严格的类别。

（来源：中华人民共和国中央人民政府网站 http://www.gov.cn/xinwen/2017－06/01/content_5198726.htm）

四、精神麻醉药品

见《麻醉药品和精神药品管理条例》（2005 年 8 月 3 日中华人民共和国国务院令第 442 号公布，根据 2013 年 12 月 7 日《国务院关于修改部分行政法规的决定》第一次修订，根据 2016 年 2 月 6 日《国务院关于修改部分行政法规的决定》第二次修订）。

麻醉药品品种目录（2013 年版）

序号	中文名	英文名	CAS 号	备注
1	醋托啡	Acetorphine	25333 – 77 – 1	
2	乙酰阿法甲基芬太尼	Acetyl-*alpha*-methylfentanyl	101860 – 00 – 8	
3	醋美沙多	Acetylmethadol	509 – 74 – 0	
4	阿芬太尼	Alfentanil	71195 – 58 – 9	
5	烯丙罗定	Allylprodine	25384 – 17 – 2	
6	阿醋美沙多	Alphacetylmethadol	17199 – 58 – 5	
7	阿法美罗定	Alphameprodine	468 – 51 – 9	
8	阿法美沙多	Alphamethadol	17199 – 54 – 1	
9	阿法甲基芬太尼	Alpha – methylfentanyl	79704 – 88 – 4	
10	阿法甲基硫代芬太尼	Alpha – methylthiofentanyl	103963 – 66 – 2	
11	阿法罗定	Alphaprodine	77 – 20 – 3	
12	阿尼利定	Anileridine	144 – 14 – 9	
13	苄替啶	Benzethidine	3691 – 78 – 9	
14	苄吗啡	Benzylmorphine	36418 – 34 – 5	
15	倍醋美沙多	Betacetylmethadol	17199 – 59 – 6	
16	倍他羟基芬太尼	Beta – hydroxyfentanyl	78995 – 10 – 5	
17	倍他羟基 – 3 – 甲基芬太尼	Beta – hydroxy – 3 – methylfentanyl	78995 – 14 – 9	
18	倍他美罗定	Betameprodine	468 – 50 – 8	
19	倍他美沙多	Betamethadol	17199 – 55 – 2	
20	倍他罗定	Betaprodine	468 – 59 – 7	
21	贝齐米特	Bezitramide	15301 – 48 – 1	
22	大麻和大麻树脂与大麻浸膏和酊	Cannabis and Cannabis Resin and Extracts and Tinctures of Cannabis	8063 – 14 – 7 6465 – 30 – 1	

续上表

序号	中文名	英文名	CAS 号	备注
23	氯尼他秦	Clonitazene	3861 - 76 - 5	
24	古柯叶	Coca Leaf		
25	可卡因 *	Cocaine	50 - 36 - 2	
26	可多克辛	Codoxime	7125 - 76 - 0	
27	罂粟浓缩物 *	Concentrate of Poppy Straw		包括罂粟果提取物 *，罂粟果提取物粉 *
28	地索吗啡	Desomorphine	427 - 00 - 9	
29	右吗拉胺	Dextromoramide	357 - 56 - 2	
30	地恩丙胺	Diampromide	552 - 25 - 0	
31	二乙噻丁	Diethylthiambutene	86 - 14 - 6	
32	地芬诺辛	Difenoxin	28782 - 42 - 5	
33	二氢埃托啡 *	Dihydroetorphine	14357 - 76 - 7	
34	双氢吗啡	Dihydromorphine	509 - 60 - 4	
35	地美沙多	Dimenoxadol	509 - 78 - 4	
36	地美庚醇	Dimepheptanol	545 - 90 - 4	
37	二甲噻丁	Dimethylthiambutene	524 - 84 - 5	
38	吗苯丁酯	Dioxaphetyl Butyrate	467 - 86 - 7	
39	地芬诺酯 *	Diphenoxylate	915 - 30 - 0	
40	地匹哌酮	Dipipanone	467 - 83 - 4	
41	羟蒂巴酚	Drotebanol	3176 - 03 - 2	
42	芽子碱	Ecgonine	481 - 37 - 8	
43	乙甲噻丁	Ethylmethylthiambutene	441 - 61 - 2	
44	依托尼秦	Etonitazene	911 - 65 - 9	
45	埃托啡	Etorphine	14521 - 96 - 1	
46	依托利定	Etoxeridine	469 - 82 - 9	
47	芬太尼 *	Fentanyl	437 - 38 - 7	
48	呋替啶	Furethidine	2385 - 81 - 1	
49	海洛因	Heroin	561 - 27 - 3	
50	氢可酮 *	Hydrocodone	125 - 29 - 1	
51	氢吗啡醇	Hydromorphinol	2183 - 56 - 4	

续上表

序号	中文名	英文名	CAS 号	备注
52	氢吗啡酮 *	Hydromorphone	466 – 99 – 9	
53	羟哌替啶	Hydroxypethidine	468 – 56 – 4	
54	异美沙酮	Isomethadone	466 – 40 – 0	
55	凯托米酮	Ketobemidone	469 – 79 – 4	
56	左美沙芬	Levomethorphan	125 – 70 – 2	
57	左吗拉胺	Levomoramide	5666 – 11 – 5	
58	左芬啡烷	Levophenacylmorphan	10061 – 32 – 2	
59	左啡诺	Levorphanol	77 – 07 – 6	
60	美他佐辛	Metazocine	3734 – 52 – 9	
61	美沙酮 *	Methadone	76 – 99 – 3	
62	美沙酮中间体	Methadone Intermediate	125 – 79 – 1	4 – 氰基 – 2 – 二甲氨基 – 4，4 – 二苯基丁烷
63	甲地索啡	Methyldesorphine	16008 – 36 – 9	
64	甲二氢吗啡	Methyldihydromorphine	509 – 56 – 8	
65	3 – 甲基芬太尼	3 – Methylfentanyl	42045 – 86 – 3	
66	3 – 甲基硫代芬太尼	3 – Methylthiofentanyl	86052 – 04 – 2	
67	美托酮	Metopon	143 – 52 – 2	
68	吗拉胺中间体	Moramide Intermediate	3626 – 55 – 9	2 – 甲基 – 3 – 吗啉基 – 1，1 – 二苯基丁酸
69	吗哌利定	Morpheridine	469 – 81 – 8	
70	吗啡 *	Morphine	57 – 27 – 2	包括吗啡阿托品注射液 *
71	吗啡甲溴化物	Morphine Methobromide	125 – 23 – 5	包括其他五价氮吗啡衍生物，特别包括吗啡 – N – 氧化物，其中一种是可待因 – N – 氧化物
72	吗啡 – N – 氧化物	Morphine – N – oxide	639 – 46 – 3	

续上表

序号	中文名	英文名	CAS 号	备注
73	1-甲基-4-苯基-4-哌啶丙酸酯	1-Methyl-4-phenyl-4-piperidinol propionate (ester)	13147-09-6	MPPP
74	麦罗啡	Myrophine	467-18-5	
75	尼可吗啡	Nicomorphine	639-48-5	
76	诺美沙多	Noracymethadol	1477-39-0	
77	去甲左啡诺	Norlevorphanol	1531-12-0	
78	去甲美沙酮	Normethadone	467-85-6	
79	去甲吗啡	Normorphine	466-97-7	
80	诺匹哌酮	Norpipanone	561-48-8	
81	阿片*	Opium	8008-60-4	包括复方樟脑酊*、阿桔片*
82	奥列巴文	Oripavine	467-04-9	
83	羟考酮*	Oxycodone	76-42-5	
84	羟吗啡酮	Oxymorphone	76-41-5	
85	对氟芬太尼	*Para*-fluorofentanyl	90736-23-5	
86	哌替啶*	Pethidine	57-42-1	
87	哌替啶中间体 A	Pethidine Intermediate A	3627-62-1	4-氰基-1-甲基-4-苯基哌啶
88	哌替啶中间体 B	Pethidine Intermediate B	77-17-8	4-苯基哌啶-4-羧酸乙酯
89	哌替啶中间体 C	Pethidine Intermediate C	3627-48-3	1-甲基-4-苯基哌啶-4-羧酸
90	苯吗庚酮	Phenadoxone	467-84-5	
91	非那丙胺	Phenampromide	129-83-9	
92	非那佐辛	Phenazocine	127-35-5	
93	1-苯乙基-4-苯基-4-哌啶乙酸酯	1-Phenethyl-4-phenyl-4-piperidinol acetate (ester)	64-52-8	PEPAP

续上表

序号	中文名	英文名	CAS 号	备注
94	非诺啡烷	Phenomorphan	468 - 07 - 5	
95	苯哌利定	Phenoperidine	562 - 26 - 5	
96	匹米诺定	Piminodine	13495 - 09 - 5	
97	哌腈米特	Piritramide	302 - 41 - 0	
98	普罗庚嗪	Proheptazine	77 - 14 - 5	
99	丙哌利定	Properidine	561 - 76 - 2	
100	消旋甲啡烷	Racemethorphan	510 - 53 - 2	
101	消旋吗拉胺	Racemoramide	545 - 59 - 5	
102	消旋啡烷	Racemorphan	297 - 90 - 5	
103	瑞芬太尼 *	Remifentanil	132875 - 61 - 7	
104	舒芬太尼 *	Sufentanil	56030 - 54 - 7	
105	醋氢可酮	Thebacon	466 - 90 - 0	
106	蒂巴因 *	Thebaine	115 - 37 - 7	
107	硫代芬太尼	Thiofentanyl	1165 - 22 - 6	
108	替利定	Tilidine	20380 - 58 - 9	
109	三甲利定	Trimeperidine	64 - 39 - 1	
110	醋氢可待因	Acetyldihydrocodeine	3861 - 72 - 1	
111	可待因 *	Codeine	76 - 57 - 3	
112	右丙氧芬 *	Dextropropoxyphene	469 - 62 - 5	
113	双氢可待因 *	Dihydrocodeine	125 - 28 - 0	
114	乙基吗啡 *	Ethylmorphine	76 - 58 - 4	
115	尼可待因	Nicocodine	3688 - 66 - 2	
116	烟氢可待因	Nicodicodine	808 - 24 - 2	
117	去甲可待因	Norcodeine	467 - 15 - 2	
118	福尔可定 *	Pholcodine	509 - 67 - 1	
119	丙吡兰	Propiram	15686 - 91 - 6	
120	布桂嗪 *	Bucinnazine		
121	罂粟壳 *	Poppy Shell		

注：1. 上述品种包括其可能存在的盐和单方制剂（除非另有规定）。

2. 上述品种包括其可能存在的异构体、酯及醚（除非另有规定）。

3. 品种目录有 * 标记的麻醉药品为我国生产及使用的品种。

精神药品品种目录（2013年版）

第一类

序号	中文名	英文名	CAS号	备注
1	布苯丙胺	Brolamfetamine	64638－07－9	DOB
2	卡西酮	Cathinone	71031－15－7	
3	二乙基色胺	3－［2－（Diethylamino）ethyl］indole	7558－72－7	DET
4	二甲氧基安非他明	（±）－2,5－Dimethoxy－*alpha*－methylphenethylamine	2801－68－5	DMA
5	（1，2－二甲基庚基）羟基四氢甲基二苯吡喃	3－（1，2－dimethylheptyl）－7，8，9，10－tetrahydro－6，6，9－trimethyl－6*H*dibenzo［*b*，*d*］pyran－1－ol	32904－22－6	DMHP
6	二甲基色胺	3－［2－（Dimethylamino）ethyl］indole	61－50－7	DMT
7	二甲氧基乙基安非他明	（±）－4－ethyl－2，5－dimethoxy－α－methylphenethylamine	22139－65－7	DOET
8	乙环利定	Eticyclidine	2201－15－2	PCE
9	乙色胺	Etryptamine	2235－90－7	
10	羟芬胺	（±）－N－［alpha－methyl－3，4－（methylenedioxy）phenethyl］hydroxylamine	74698－47－8	N－hydroxy MDA
11	麦角二乙胺	（＋）－Lysergide	50－37－3	LSD
12	乙芬胺	（±）－N－ethyl－alpha－methyl－3，4－（methylenedioxy）phenethylamine	82801－81－8	N－ethyl MDA
13	二亚甲基双氧安非他明	（±）－N，alpha－dimethyl－3，4－（methylene－dioxy）phenethylamine	42542－10－9	MDMA
14	麦司卡林	Mescaline	54－04－6	

续上表

序号	中文名	英文名	CAS 号	备注
15	甲卡西酮	Methcathinone	5650－44－2（右旋体），49656－78－2（右旋体盐酸盐），112117－24－5（左旋体），66514－93－0（左旋体盐酸盐）	
16	甲米雷司	4－Methylaminorex	3568－94－3	
17	甲羟芬胺	5－methoxy－α－methyl－3，4－（methylenedioxy）phenethylamine	13674－05－0	MMDA
18	4－甲基硫基安非他明	4－Methylthioamfetamine	14116－06－4	
19	六氢大麻酚	Parahexyl	117－51－1	
20	副甲氧基安非他明	P－methoxy－alpha－methylphenethylamine	64－13－1	PMA
21	赛洛新	Psilocine	520－53－6	
22	赛洛西宾	Psilocybine	520－52－5	
23	咯环利定	Rolicyclidine	2201－39－0	PHP
24	二甲氧基甲苯异丙胺	2，5－Dimethoxy－*alpha*，4－dimethylphenethylamine	15588－95－1	STP
25	替苯丙胺	Tenamfetamine	4764－17－4	MDA
26	替诺环定	Tenocyclidine	21500－98－1	TCP
27	四氢大麻酚	Tetrahydrocannabinol		包括同分异构体及其立体化学变体
28	三甲氧基安非他明	（±）－3，4，5－Trimethoxy－alpha－methylphenethylamine	1082－88－8	TMA
29	苯丙胺	Amfetamine	300－62－9	
30	氨奈普汀	Amineptine	57574－09－1	
31	2，5－二甲氧基－4－溴苯乙胺	4－Bromo－2，5－dimethoxyphenethylamine	66142－81－2	2－CB

续上表

序号	中文名	英文名	CAS 号	备注
32	右苯丙胺	Dexamfetamine	51-64-9	
33	屈大麻酚	Dronabinol	1972-08-3	δ-9-四氢大麻酚及其立体化学异构体
34	芬乙茶碱	Fenetylline	3736-08-1	
35	左苯丙胺	Levamfetamine	156-34-3	
36	左甲苯丙胺	Levomethamfetamine	33817-09-3	
37	甲氯喹酮	Mecloqualone	340-57-8	
38	去氧麻黄碱	Metamfetamine	537-46-2	
39	去氧麻黄碱外消旋体	Metamfetamine Racemate	7632-10-2	
40	甲喹酮	Methaqualone	72-44-6	
41	哌醋甲酯*	Methylphenidate	113-45-1	
42	苯环利定	Phencyclidine	77-10-1	PCP
43	芬美曲秦	Phenmetrazine	134-49-6	
44	司可巴比妥*	Secobarbital	76-73-3	
45	齐培丙醇	Zipeprol	34758-83-3	
46	安非拉酮	Amfepramone	90-84-6	
47	苄基哌嗪	Benzylpiperazine	2759-28-6	BZP
48	丁丙诺啡*	Buprenorphine	52485-79-7	
49	1-丁基-3-（1-萘甲酰基）吲哚	1-Butyl-3-（1-naphthoyl）indole	208987-48-8	JWH-073
50	恰特草	Catha edulis Forssk		Khat
51	2，5-二甲氧基-4-碘苯乙胺	2，5-Dimethoxy-4-iodophenethylamine	69587-11-7	2C-I
52	2，5-二甲氧基苯乙胺	2，5-Dimethoxyphenethylamine	3600-86-0	2C-H
53	二甲基安非他明	Dimethylamfetamine	4075-96-1	
54	依他喹酮	Etaqualone	7432-25-9	
55	[1-（5-氟戊基）-1H-吲哚-3-基]（2-碘苯基）甲酮	（1-（5-Fluoropentyl）-3-（2-iodobenzoyl）indole）	335161-03-0	AM-694

续上表

序号	中文名	英文名	CAS 号	备注
56	1－（5－氟戊基）－3－（1－萘甲酰基）－1H－吲哚	1－（5－Fluoropentyl）－3－（1－naphthoyl）indole	335161－24－5	AM－2201
57	γ－羟丁酸＊	Gamma－hydroxybutyrate	591－81－1	GHB
58	氯胺酮＊	Ketamine	6740－88－1	
59	马吲哚＊	Mazindol	22232－71－9	
60	2－（2－甲氧基苯基）－1－（1－戊基－1H－吲哚－3－基）乙酮	2－（2－Methoxyphenyl）－1－（1－pentyl－1H－indol－3－yl）ethanone	864445－43－2	JWH－250
61	亚甲基二氧吡咯戊酮	Methylenedioxypyrovalerone	687603－66－3	MDPV
62	4－甲基乙卡西酮	4－Methylethcathinone	1225617－18－4	4－MEC
63	4－甲基甲卡西酮	4－Methylmethcathinone	5650－44－2	4－MMC
64	3，4－亚甲二氧基甲卡西酮	3，4－Methylenedioxy－N－methylcathinone	186028－79－5	Methylone
65	莫达非尼	Modafinil	68693－11－8	
66	1－戊基－3－（1－萘甲酰基）吲哚	1－Pentyl－3－（1－naphthoyl）indole	209414－07－3	JWH－018
67	他喷他多	Tapentadol	175591－23－8	
68	三唑仑＊	Triazolam	28911－01－5	

第二类

序号	中文名	英文名	CAS 号	备注
1	异戊巴比妥＊	Amobarbital	57－43－2	
2	布他比妥	Butalbital	77－26－9	
3	去甲伪麻黄碱	Cathine	492－39－7	
4	环己巴比妥	Cyclobarbital	52－31－3	
5	氟硝西泮	Flunitrazepam	1622－62－4	
6	格鲁米特＊	Glutethimide	77－21－4	
7	喷他佐辛＊	Pentazocine	55643－30－6	
8	戊巴比妥＊	Pentobarbital	76－74－4	

续上表

序号	中文名	英文名	CAS 号	备注
9	阿普唑仑*	Alprazolam	28981-97-7	
10	阿米雷司	Aminorex	2207-50-3	
11	巴比妥*	Barbital	57-44-3	
12	苄非他明	Benzfetamine	156-08-1	
13	溴西泮	Bromazepam	1812-30-2	
14	溴替唑仑	Brotizolam	57801-81-7	
15	丁巴比妥	Butobarbital	77-28-1	
16	卡马西泮	Camazepam	36104-80-0	
17	氯氮䓬	Chlordiazepoxide	58-25-3	
18	氯巴占	Clobazam	22316-47-8	
19	氯硝西泮*	Clonazepam	1622-61-3	
20	氯拉䓬酸	Clorazepate	23887-31-2	
21	氯噻西泮	Clotiazepam	33671-46-4	
22	氯噁唑仑	Cloxazolam	24166-13-0	
23	地洛西泮	Delorazepam	2894-67-9	
24	地西泮*	Diazepam	439-14-5	
25	艾司唑仑*	Estazolam	29975-16-4	
26	乙氯维诺	Ethchlorvynol	113-18-8	
27	炔己蚁胺	Ethinamate	126-52-3	
28	氯氟䓬乙酯	Ethyl Loflazepate	29177-84-2	
29	乙非他明	Etilamfetamine	457-87-4	
30	芬坎法明	Fencamfamin	1209-98-9	
31	芬普雷司	Fenproporex	16397-28-7	
32	氟地西泮	Fludiazepam	3900-31-0	
33	氟西泮*	Flurazepam	17617-23-1	
34	哈拉西泮	Halazepam	23092-17-3	
35	卤沙唑仑	Haloxazolam	59128-97-1	

续上表

序号	中文名	英文名	CAS 号	备注
36	凯他唑仑	Ketazolam	27223－35－4	
37	利非他明	Lefetamine	7262－75－1	SPA
38	氯普唑仑	Loprazolam	61197－73－7	
39	劳拉西泮＊	Lorazepam	846－49－1	
40	氯甲西泮	Lormetazepam	848－75－9	
41	美达西泮	Medazepam	2898－12－6	
42	美芬雷司	Mefenorex	17243－57－1	
43	甲丙氨酯＊	Meprobamate	57－53－4	
44	美索卡	Mesocarb	34262－84－5	
45	甲苯巴比妥	Methylphenobarbital	115－38－8	
46	甲乙哌酮	Methyprylon	125－64－4	
47	咪达唑仑＊	Midazolam	59467－70－8	
48	尼美西泮	Nimetazepam	2011－67－8	
49	硝西泮＊	Nitrazepam	146－22－5	
50	去甲西泮	Nordazepam	1088－11－5	
51	奥沙西泮＊	Oxazepam	604－75－1	
52	奥沙唑仑	Oxazolam	24143－17－7	
53	匹莫林＊	Pemoline	2152－34－3	
54	苯甲曲秦	Phendimetrazine	634－03－7	
55	苯巴比妥＊	Phenobarbital	50－06－6	
56	芬特明	Phentermine	122－09－8	
57	匹那西泮	Pinazepam	52463－83－9	
58	哌苯甲醇	Pipradrol	467－60－7	
59	普拉西泮	Prazepam	2955－38－6	
60	吡咯戊酮	Pyrovalerone	3563－49－3	
61	仲丁比妥	Secbutabarbital	125－40－6	
62	替马西泮	Temazepam	846－50－4	

续上表

序号	中文名	英文名	CAS 号	备注
63	四氢西泮	Tetrazepam	10379－14－3	
64	乙烯比妥	Vinylbital	2430－49－1	
65	唑吡坦 *	Zolpidem	82626－48－0	
66	阿洛巴比妥	Allobarbital	58－15－1	
67	丁丙诺啡透皮贴剂 *	Buprenorphine Transdermal patch		
68	布托啡诺及其注射剂 *	Butorphanol and its injection	42408－82－2	
69	咖啡因 *	Caffeine	58－08－2	
70	安钠咖 *	Caffeine Sodium Benzoate		CNB
71	右旋芬氟拉明	Dexfenfluramine	3239－44－9	
72	地佐辛及其注射剂 *	Dezocine and Its Injection	53648－55－8	
73	麦角胺咖啡因片 *	Ergotamine and Caffeine Tablet	379－79－3	
74	芬氟拉明	Fenfluramine	458－24－2	
75	呋芬雷司	Furfennorex	3776－93－0	
76	纳布啡及其注射剂	Nalbuphine and its injection	20594－83－6	
77	氨酚氢可酮片 *	Paracetamol and Hydrocodone Bitartrate Tablet		
78	丙己君	Propylhexedrine	101－40－6	
79	曲马多 *	Tramadol	27203－92－5	
80	扎来普隆 *	Zaleplon	151319－34－5	
81	佐匹克隆	Zopiclone	43200－80－2	

注：1. 上述品种包括其可能存在的盐和单方制剂（除非另有规定）。

2. 上述品种包括其可能存在的异构体（除非另有规定）。

3. 品种目录有 * 标记的精神药品为我国生产及使用的品种。

（来源：中华人民共和国中央人民政府网站 http://www.gov.cn/gongbao/content/2016/content_5139413.htm）

五、毒性药品管理品种

见中华人民共和国国务院令第 23 号《医疗用毒性药品管理办法》（1988 年）。

毒性药品管理品种

1．毒性中药品种

砒石（红砒、白砒）、砒霜、水银、生马前子、生川乌、生草乌、生白附子、生附子、生半夏、生南星、生巴豆、斑蝥、青娘虫、红娘虫、生甘遂、生狼毒、生藤黄、生千金子、生天仙子、闹阳花、雪上一枝蒿、红升丹、白降丹、蟾酥、洋金花、红粉、轻粉、雄黄。

2．西药毒药品种

去乙酰毛花贰丙、阿托品、洋地黄毒贰、氢溴酸后马托品、三氧化二砷、毛果芸香碱升汞、水杨酸毒扁豆碱、亚砷酸钾、氢溴酸东莨菪碱、士的年。

（来源：中华人民共和国国家卫生健康委员会网站 http://www.nhc.gov.cn/wjw/flfg/200804/f57c418589ad4c9395174788cda08768.shtml）

六、病原微生物

1．动物病原微生物分类名录（2005 年）

[中华人民共和国农业部令第 53 号（2005 年）]

根据《病原微生物实验室生物安全管理条例》第七条、第八条的规定，对动物病原微生物分类如下：

（1）一类动物病原微生物

口蹄疫病毒、高致病性禽流感病毒、猪水泡病病毒、非洲猪瘟病毒、非洲马瘟病毒、牛瘟病毒、小反刍兽疫病毒、牛传染性胸膜肺炎丝状支原体、牛海绵状脑病病原、痒病病原。

（2）二类动物病原微生物

猪瘟病毒、鸡新城疫病毒、狂犬病病毒、绵羊痘/山羊痘病毒、蓝舌病病毒、兔病毒性出血症病毒、炭疽芽孢杆菌、布氏杆菌。

（3）三类动物病原微生物

多种动物共患病病原微生物：低致病性流感病毒、伪狂犬病病毒、破伤风梭菌、气肿疽梭菌、结核分枝杆菌、副结核分枝杆菌、致病性大肠杆菌、沙门氏菌、巴氏杆菌、致病性链球菌、李氏杆菌、产气荚膜梭菌、嗜水气单胞菌、肉毒梭状芽孢杆菌、腐败梭菌和其他致病性梭菌、鹦鹉热衣原体、放线菌、钩端螺旋体。

牛病病原微生物：牛恶性卡他热病毒、牛白血病病毒、牛流行热病毒、牛传染性鼻气管炎病毒、牛病毒腹泻/黏膜病病毒、牛生殖器弯曲杆菌、日本血吸虫。

绵羊和山羊病病原微生物：山羊关节炎/脑脊髓炎病毒、梅迪/维斯纳病病毒、传染性脓疱皮炎病毒。

猪病病原微生物：日本脑炎病毒、猪繁殖与呼吸综合征病毒、猪细小病毒、猪圆环病毒、猪流行性腹泻病毒、猪传染性胃肠炎病毒、猪丹毒杆菌、猪支气管败血波氏杆菌、猪胸膜肺炎放线杆菌、副猪嗜血杆菌、猪肺炎支原体、猪密螺旋体。

马病病原微生物：马传染性贫血病毒、马动脉炎病毒、马病毒性流产病毒、马鼻炎病毒、鼻疽假单胞菌、类鼻疽假单胞菌、假皮疽组织胞浆菌、溃疡性淋巴管炎假结核棒状杆菌。

禽病病原微生物：鸭瘟病毒、鸭病毒性肝炎病毒、小鹅瘟病毒、鸡传染性法氏囊病病毒、鸡马立克氏病病毒、禽白血病/肉瘤病毒、禽网状内皮组织增殖病病毒、鸡传染性贫血病毒、鸡传染性喉气管炎病毒、鸡传染性支气管炎病毒、鸡减蛋综合征病毒、禽痘病毒、鸡病毒性关节炎病毒、禽传染性脑脊髓炎病毒、副鸡嗜血杆菌、鸡毒支原体、鸡球虫。

兔病病原微生物：兔黏液瘤病病毒、野兔热土拉杆菌、兔支气管败血波氏杆菌、兔球虫。

水生动物病病原微生物：流行性造血器官坏死病毒、传染性造血器官坏死病毒、马苏大麻哈鱼病毒、病毒性出血性败血症病毒、锦鲤疱疹病毒、斑点叉尾鮰病毒、病毒性脑病和视网膜病毒、传染性胰脏坏死病毒、真鲷虹彩病毒、白鲟虹彩病毒、中肠腺坏死杆状病毒、传染性皮下和造血器官坏死病毒、核多角体杆状病毒、虾产卵死亡综合征病毒、鳖鳃腺炎病毒、Taura 综合征病毒、对虾白斑综合征病毒、黄头病毒、草鱼出血病毒、鲤春病毒血症病毒、鲍球形病毒、鲑鱼传染性贫血病毒。

蜜蜂病病原微生物：美洲幼虫腐臭病幼虫杆菌、欧洲幼虫腐臭病蜂房蜜蜂球菌、白垩病蜂球囊菌、蜜蜂微孢子虫、跗腺螨、雅氏大蜂螨。

其他动物病病原微生物：犬瘟热病毒、犬细小病毒、犬腺病毒、犬冠状病毒、犬副流感病毒、猫泛白细胞减少综合征病毒、水貂阿留申病病毒、水貂病毒性肠炎病毒。

（4）四类动物病原微生物

是指危险性小、低致病力、实验室感染机会少的兽用生物制品、疫苗生产用的各种弱毒病原微生物以及不属于第一、二、三类的各种低毒力的病原微生物。

（来源：中国农业网 http://www.zgny.com.cn/ifm/consultation/2005-7-6/73055.shtml）

2. 人间传染的病原微生物名录（2006 年）

见《卫生部关于印发〈人间传染的病原微生物名录〉的通知》（卫科教发〔2006〕15 号）。

病毒分类名录

序号	病毒名称			危害程度分类	实验活动所需生物安全实验室级别					运输包装分类[f]		备注
	英文名	中文名	分类学地位		病毒培养[a]	动物感染实验[b]	未经培养的感染材料的操作[c]	灭活材料的操作[d]	无感染性材料的操作[e]	A/B	UN 编号	
1	*Alastrim virus*	类天花病毒	痘病毒科	第一类	BSL－4	ABSL－4	BSL－3	BSL－2	BSL－1	A	UN2814	
2	*Crimean-Congo hemorrhagic fever virus*（*Xinjiang hemorrhagic fever virus*）	克里米亚—刚果出血热病毒（新疆出血热病毒）	布尼亚病毒科	第一类	BSL－3	ABSL－3	BSL－3	BSL－2	BSL－1	A	UN2814	
3	*Eastern equine encephalitis virus*	东方马脑炎病毒	披膜病毒科	第一类	BSL－3	ABSL－3	BSL－3	BSL－2	BSL－1	A	UN2814	仅培养物 A 类
4	*Ebola virus*	埃博拉病毒	丝状病毒科	第一类	BSL－4	ABSL－4	BSL－3	BSL－2	BSL－1	A	UN2814	
5	*Flexal virus*	Flexal 病毒	沙粒病毒科	第一类	BSL－4	ABSL－4	BSL－3	BSL－2	BSL－1	A	UN2814	
6	*Guanarito virus*	瓜纳瑞托病毒	沙粒病毒科	第一类	BSL－4	ABSL－4	BSL－3	BSL－2	BSL－1	A	UN2814	
7	*Hanzalova virus*	Hanzalova 病毒	黄病毒科	第一类	BSL－4	ABSL－4	BSL－3	BSL－2	BSL－1	A	UN2814	
8	*Hendra virus*	亨德拉病毒	副粘病毒科	第一类	BSL－4	ABSL－4	BSL－3	BSL－2	BSL－1	A	UN2814	
9	*Herpesvirus simiae*	猿疱疹病毒	疱疹病毒科 B	第一类	BSL－3	ABSL－3	BSL－2	BSL－2	BSL－1	A	UN2814	仅病毒培养物为 A 类

续上表

序号	病毒名称			危害程度分类	实验活动所需生物安全实验室级别					运输包装分类[f]		备注
	英文名	中文名	分类学地位		病毒培养[a]	动物感染实验[b]	未经培养的感染材料的操作[c]	灭活材料的操作[d]	无感染性材料的操作[e]	A/B	UN 编号	
10	*Hypr virus*	Hypr 病毒	黄病毒科	第一类	BSL－4	ABSL－4	BSL－3	BSL－2	BSL－1	A	UN2814	
11	*Junin virus*	鸠宁病毒	沙粒病毒科	第一类	BSL－4	ABSL－4	BSL－3	BSL－2	BSL－1	A	UN2814	
12	*Kumlinge virus*	Kumlinge 病毒	黄病毒科	第一类	BSL－4	ABSL－4	BSL－3	BSL－2	BSL－1	A	UN2814	
13	*Kyasanur Forest disease virus*	卡萨诺尔森林病病毒	黄病毒科	第一类	BSL－4	ABSL－4	BSL－3	BSL－2	BSL－1	A	UN2814	
14	*Lassa fever virus*	拉沙热病毒	沙粒病毒科	第一类	BSL－4	ABSL－4	BSL－3	BSL－2	BSL－1	A	UN2814	
15	*Louping ill virus*	跳跃病病毒	黄病毒科	第一类	BSL－4	ABSL－4	BSL－3	BSL－2	BSL－1	A	UN2814	
16	*Machupo virus*	马秋波病毒	沙粒病毒科	第一类	BSL－4	ABSL－4	BSL－3	BSL－2	BSL－1	A	UN2814	
17	*Marburg virus*	马尔堡病毒	丝状病毒科	第一类	BSL－4	ABSL－4	BSL－3	BSL－2	BSL－1	A	UN2814	
18	*Monkeypox virus*	猴痘病毒	痘病毒科	第一类	BSL－3	BSL－3	BSL－3	BSL－2	BSL－1	A	UN2814	
19	*Mopeia virus* (*and other Tacaribe viruses*)	Mopeia 病毒（和其他 Tacaribe病毒）	沙粒病毒科	第一类	BSL－4	ABSL－4	BSL－3	BSL－2	BSL－1	A	UN2814	
20	*Nipah virus*	尼巴病毒	副粘病毒科	第一类	BSL－4	ABSL－4	BSL－3	BSL－2	BSL－1	A	UN2814	

续上表

序号	病毒名称			危害程度分类	实验活动所需生物安全实验室级别					运输包装分类[f]		备注
	英文名	中文名	分类学地位		病毒培养[a]	动物感染实验[b]	未经培养的感染材料的操作[c]	灭活材料的操作[d]	无感染性材料的操作[e]	A/B	UN 编号	
21	*Omsk hemorrhagic fever virus*	鄂木斯克出血热病毒	黄病毒科	第一类	BSL-4	ABSL-4	BSL-3	BSL-2	BSL-1	A	UN2814	
22	*Sabia virus*	Sabia 病毒	沙粒病毒科	第一类	BSL-4	ABSL-4	BSL-3	BSL-2	BSL-1	A	UN2814	
23	*St. Louis encephalitis virus*	圣路易斯脑炎病毒	黄病毒科	第一类	BSL-3	ABSL-3	BSL-2	BSL-1	BSL-1	A	UN2814	
24	*Tacaribe virus*	Tacaribe 病毒	沙粒病毒科	第一类	BSL-4	ABSL-4	BSL-2	BSL-2	BSL-1	A	UN2814	
25	*Variola virus*	天花病毒	痘病毒科	第一类	BSL-4	ABSL-4	BSL-2	BSL-1	BSL-1	A	UN2814	有疫苗
26	*Venezuelan equine encephalitis virus*	委内瑞拉马脑炎病毒	披膜病毒科	第一类	BSL-3	ABSL-3	BSL-2	BSL-1	BSL-1	A	UN2814	
27	*Western equine encephalomyelitis virus*	西方马脑炎病毒	披膜病毒科	第一类	BSL-3	ABSL-3	BSL-2	BSL-1	BSL-1	A	UN2814	
28	*Yellow fever virus*	黄热病毒	黄病毒科	第一类	BSL-3	ABSL-3	BSL-2	BSL-1	BSL-1	A	UN2814	仅病毒培养物为 A 类，有疫苗

续上表

序号	病毒名称			危害程度分类	实验活动所需生物安全实验室级别					运输包装分类[f]		备注
	英文名	中文名	分类学地位		病毒培养[a]	动物感染实验[b]	未经培养的感染材料的操作[c]	灭活材料的操作[d]	无感染性材料的操作[e]	A/B	UN 编号	
29	*Tick-borneencephalitis virus*[g]	蜱传脑炎病毒[g]	黄病毒科	第一类	BSL－3	ABSL－3	BSL－3	BSL－1	BSL－1	A	UN2814	仅病毒培养物为 A 类，有疫苗
30	*Bunyamwera virus*	布尼亚维拉病毒	布尼亚病毒科	第二类	BSL－3	ABSL－3	BSL－2	BSL－1	BSL－1	A	UN2814	
31	*California encephalitis virus*	加利福利亚脑炎病毒	布尼亚病毒科	第二类	BSL－3	ABSL－3	BSL－2	BSL－1	BSL－1	A	UN2814	
32	*Chikungunya virus*	基孔肯尼雅病毒	披膜病毒科	第二类	BSL－3	ABSL－3	BSL－2	BSL－1	BSL－1	A	UN2814	
33	*Dhori virus*	多里病毒	正粘病毒科	第二类	BSL－3	ABSL－3	BSL－2	BSL－1	BSL－1	A	UN2814	
34	*Everglades virus*	Everglades 病毒	披膜病毒科	第二类	BSL－3	ABSL－3	BSL－2	BSL－1	BSL－1	A	UN2814	
35	*Foot-and-mouth disease virus*	口蹄疫病毒	小 RNA 病毒科	第二类	BSL－3	ABSL－3	BSL－2	BSL－1	BSL－1	A	UN2814	
36	*Garba virus*	Garba 病毒	弹状病毒科	第二类	BSL－3	ABSL－3	BSL－2	BSL－1	BSL－1	A	UN2814	
37	*Germiston virus*	Germiston 病毒	布尼亚病毒科	第二类	BSL－3	ABSL－3	BSL－2	BSL－1	BSL－1	A	UN2814	

续上表

序号	病毒名称			危害程度分类	实验活动所需生物安全实验室级别					运输包装分类[f]		备注
	英文名	中文名	分类学地位		病毒培养[a]	动物感染实验[b]	未经培养的感染材料的操作[c]	灭活材料的操作[d]	无感染性材料的操作[e]	A/B	UN 编号	
38	*Getah virus*	Getah 病毒	披膜病毒科	第二类	BSL-3	ABSL-3	BSL-2	BSL-1	BSL-1	A	UN2814	
39	*Gordil virus*	Gordil 病毒	布尼亚病毒科	第二类	BSL-3	ABSL-3	BSL-2	BSL-1	BSL-1	A	UN2814	
40	*Hantaviruses, other*	其他汉坦病毒	布尼亚病毒科	第二类	BSL-3	ABSL-3	BSL-2	BSL-1	BSL-1	A	UN2814	仅病毒培养物为 A 类
41	*Hantaviruses cause pulmonary syndrome*	引起肺综合征的汉坦病毒	布尼亚病毒科	第二类	BSL-3	ABSL-3	BSL-2	BSL-1	BSL-1	A	UN2814	仅病毒培养物为 A 类
42	*Hantaviruses cause hemorrhagic fever with renal syndrome*	引起肾综合征出血热的汉坦病毒	布尼亚病毒科	第二类	BSL-2	ABSL-3	BSL-2	BSL-1	BSL-1	A	UN2814	有疫苗。仅病毒培养物为 A 类
43	*Herpesvirus saimiri*	松鼠猴疱疹病毒	疱疹病毒科	第二类	BSL-3	ABSL-3	BSL-2	BSL-1	BSL-1	A	UN2814	
44	*High pathogenic avian influenza virus*	高致病性禽流感病毒	正粘病毒科	第二类	BSL-3	ABSL-3	BSL-2	BSL-1	BSL-1	A	UN2814	仅病毒培养物为 A 类

续上表

序号	病毒名称			危害程度分类	实验活动所需生物安全实验室级别					运输包装分类[f]		备注
	英文名	中文名	分类学地位		病毒培养[a]	动物感染实验[b]	未经培养的感染材料的操作[c]	灭活材料的操作[d]	无感染性材料的操作[e]	A/B	UN 编号	
45	*Human immunodeficiency virus (HIV) typy 1 and 2 virus*	艾滋病毒（I型和II型）	逆转录病毒科	第二类	BSL-3	ABSL-3	BSL-2	BSL-1	BSL-1	A	UN2814	仅病毒培养物为A类
46	*Inhangapi virus*	Inhangapi 病毒	弹状病毒科	第二类	BSL-3	ABSL-3	BSL-2	BSL-1	BSL-1	A	UN2814	
47	*Inini virus*	Inini 病毒	布尼亚病毒科	第二类	BSL-3	ABSL-3	BSL-2	BSL-1	BSL-1	A	UN2814	
48	*Issyk-Kul virus*	Issyk-Kul 病毒	布尼亚病毒科	第二类	BSL-3	ABSL-3	BSL-2	BSL-1	BSL-1	A	UN2814	
49	*Itaituba virus*	Itaituba 病毒	布尼亚病毒科	第二类	BSL-3	ABSL-3	BSL-2	BSL-1	BSL-1	A	UN2814	
50	*Japanese encephalitis virus*	乙型脑炎病毒	黄病毒科	第二类	BSL-2	ABSL-2	BSL-2	BSL-1	BSL-1	A	UN2814	有疫苗。仅病毒培养物为A类
51	*Khasan virus*	Khasan 病毒	布尼亚病毒科	第二类	BSL-3	ABSL-3	BSL-2	BSL-1	BSL-1	A	UN2814	

续上表

序号	病毒名称			危害程度分类	实验活动所需生物安全实验室级别					运输包装分类[f]		备注
	英文名	中文名	分类学地位		病毒培养[a]	动物感染实验[b]	未经培养的感染材料的操作[c]	灭活材料的操作[d]	无感染性材料的操作[e]	A/B	UN 编号	
52	*Kyzylagach virus*	Kyz 病毒	披膜病毒科	第二类	BSL－3	ABSL－3	BSL－2	BSL－1	BSL－1	A	UN2814	
53	*Lymphocytic choriomeningitis* (*neurotropic*) *virus*	淋巴细胞性脉络丛脑膜炎（嗜神经性的）病毒	沙粒病毒科	第二类	BSL－3	ABSL－3	BSL－2	BSL－1	BSL－1	A	UN2814	
54	*Mayaro virus*	Mayaro 病毒	披膜病毒科	第二类	BSL－3	ABSL－3	BSL－2	BSL－1	BSL－1	A	UN2814	
55	*Middelburg virus*	米德尔堡病毒	披膜病毒科	第二类	BSL－3	ABSL－3	BSL－2	BSL－1	BSL－1	A	UN2814	
56	*Milker's nodule virus*	挤奶工结节病毒	痘病毒科	第二类	BSL－3	ABSL－3	BSL－2	BSL－1	BSL－1	A	UN2814	
57	*Mucambo virus*	Murcambo 病毒	披膜病毒科	第二类	BSL－3	ABSL－3	BSL－2	BSL－1	BSL－1	A	UN2814	
58	*Murray valley encephalitis virus* (*Australia encephalitis virus*)	墨累谷脑炎病毒（澳大利亚脑炎病毒）	黄病毒科	第二类	BSL－3	ABSL－3	BSL－2	BSL－1	BSL－1	A	UN2814	

续上表

序号	病毒名称			危害程度分类	实验活动所需生物安全实验室级别					运输包装分类[f]		备注
	英文名	中文名	分类学地位		病毒培养[a]	动物感染实验[b]	未经培养的感染材料的操作[c]	灭活材料的操作[d]	无感染性材料的操作[e]	A/B	UN 编号	
59	*Nairobi sheep disease virus*	内罗毕绵羊病病毒	布尼亚病毒科	第二类	BSL－3	ABSL－3	BSL－2	BSL－1	BSL－1	A	UN2814	
60	*Ndumu virus*	恩杜姆病毒	披膜病毒科	第二类	BSL－3	ABSL－3	BSL－2	BSL－1	BSL－1	A	UN2814	
61	*Negishi virus*	Negishi 病毒	黄病毒科	第二类	BSL－3	ABSL－3	BSL－2	BSL－1	BSL－1	A	UN2814	
62	*Newcastle disease virus*	新城疫病毒	副粘病毒科	第二类	BSL－3	ABSL－3	BSL－2	BSL－1	BSL－1	A	UN2900	
63	*Orf virus*	口疮病毒	痘病毒科	第二类	BSL－3	ABSL－3	BSL－2	BSL－1	BSL－1	A	UN2814	
64	*Oropouche virus*	Oropouche 病毒	布尼亚病毒科	第二类	BSL－3	ABSL－3	BSL－2	BSL－1	BSL－1	A	UN2814	
65	*Other pathogenic orthopoxviruses not in BL 1, 3 or 4*	不属于危害程度第一或三、四类的其他正痘病毒属病毒	痘病毒科	第二类	BSL－3	ABSL－3	BSL－2	BSL－1	BSL－1	A	UN2814	
66	*Paramushir virus*	Paramushir 病毒	布尼亚病毒科	第二类	BSL－3	ABSL－3	BSL－2	BSL－1	BSL－1	A	UN2814	

续上表

序号	病毒名称			危害程度分类	实验活动所需生物安全实验室级别					运输包装分类[f]		备注
	英文名	中文名	分类学地位		病毒培养[a]	动物感染实验[b]	未经培养的感染材料的操作[c]	灭活材料的操作[d]	无感染性材料的操作[e]	A/B	UN 编号	
67	*Poliovirus*[h]	脊髓灰质炎病毒[h]	小 RNA 病毒科	第二类	BSL－3	ABSL－3	BSL－2	BSL－1	BSL－1	A	UN2814	见注
68	*Powassan virus*	Powassan 病毒	黄病毒科	第二类	BSL－3	ABSL－3	BSL－2	BSL－1	BSL－1	A	UN2814	
69	*Rabbitpox virus* (*vaccinia variant*)	兔痘病毒（痘苗病毒变种）	痘病毒科	第二类	BSL－3	ABSL－3	BSL－2	BSL－1	BSL－1	A	UN2814	
70	*Rabies virus* (*street virus*)	狂犬病毒（街毒）	弹状病毒科	第二类	BSL－3	ABSL－3	BSL－2	BSL－1	BSL－1	A	UN2814	
71	*Razdan virus*	Razdan 病毒	布尼亚病毒科	第二类	BSL－3	ABSL－3	BSL－2	BSL－1	BSL－1	A	UN2814	
72	*Rift valley fever virus*	立夫特谷热病毒	布尼亚病毒科	第二类	BSL－3	ABSL－3	BSL－2	BSL－1	BSL－1	A	UN2814	
73	*Rochambeau virus*	Rochambeau 病毒	弹状病毒科	第二类	BSL－3	ABSL－3	BSL－2	BSL－1	BSL－1	A	UN2814	
74	*Rocio virus*	罗西奥病毒	黄病毒科	第二类	BSL－3	ABSL－3	BSL－2	BSL－1	BSL－1	A	UN2814	

续上表

序号	病毒名称			危害程度分类	实验活动所需生物安全实验室级别					运输包装分类[f]		备注
	英文名	中文名	分类学地位		病毒培养[a]	动物感染实验[b]	未经培养的感染材料的操作[c]	灭活材料的操作[d]	无感染性材料的操作[e]	A/B	UN 编号	
75	*Sagiyama virus*	Sagiyama 病毒	披膜病毒科	第二类	BSL-3	ABSL-3	BSL-2	BSL-1	BSL-1	A	UN2814	
76	*SARS-associated coronavirus*（*SARS-CoV*）	SARS 冠状病毒	冠状病毒科	第二类	BSL-3	ABSL-3	BSL-3	BSL-2	BSL-1	A	UN2814	
77	*Sepik virus*	塞皮克病毒，	黄病毒科	第二类	BSL-3	ABSL-3	BSL-2	BSL-1	BSL-1	A	UN2814	
78	*Simian immunodeficiency virus*（*SIV*）	猴免疫缺陷病毒	逆转录病毒科	第二类	BSL-3	ABSL-3	BSL-2	BSL-1	BSL-1	A	UN2814	
79	*Tamdy virus*	Tamdy 病毒，	布尼亚病毒科	第二类	BSL-3	ABSL-3	BSL-2	BSL-1	BSL-1	A	UN2814	
80	*West Nile virus*	西尼罗病毒	黄病毒科	第二类	BSL-3	ABSL-3	BSL-2	BSL-1	BSL-1	A	UN2814	仅病毒培养物为 A 类
81	*Acute hemorrhagic conjunctivitis virus*	急性出血性结膜炎病毒	小 RNA 病毒科	第三类	BSL-2	ABSL-2	BSL-2	BSL-1	BSL-1	B	UN3373	
82	*Adenovirus*	腺病毒	腺病毒科	第三类	BSL-2	ABSL-2	BSL-2	BSL-1	BSL-1	B	UN3373	

续上表

序号	病毒名称			危害程度分类	实验活动所需生物安全实验室级别					运输包装分类[f]		备注
	英文名	中文名	分类学地位		病毒培养[a]	动物感染实验[b]	未经培养的感染材料的操作[c]	灭活材料的操作[d]	无感染性材料的操作[e]	A/B	UN 编号	
83	*Adeno-associated virus*	腺病毒伴随病毒	细小病毒科	第三类	BSL－2	ABSL－2	BSL－2	BSL－1	BSL－1	B	UN3373	
84	*Alphaviruses*, *other known*	其他已知的甲病毒	披膜病毒科	第三类	BSL－2	ABSL－2	BSL－2	BSL－1	BSL－1	B	UN3373	
85	*Astrovirus*	星状病毒	星状病毒科	第三类	BSL－2	ABSL－2	BSL－2	BSL－1	BSL－1	B	UN3373	
86	*Barmah forest virus*	Barmah 森林病毒	披膜病毒科	第三类	BSL－2	ABSL－2	BSL－2	BSL－1	BSL－1	B	UN3373	
87	*Bebaru virus*	Bebaru 病毒	披膜病毒科	第三类	BSL－2	ABSL－2	BSL－2	BSL－1	BSL－1	B	UN3373	
88	*Buffalo pox virus*: 2 *viruses* (1 *a vaccinia variant*)	水牛正痘病毒：2种（1种是牛痘变种）	痘病毒科	第三类	BSL－2	ABSL－2	BSL－2	BSL－1	BSL－1	B	UN3373	
89	*Bunya virus*	布尼亚病毒	布尼亚病毒科	第三类	BSL－2	ABSL－2	BSL－2	BSL－1	BSL－1	B	UN3373	
90	*Calici virus*	杯状病毒	杯状病毒科	第三类	BSL－2	ABSL－2	BSL－2	BSL－1	BSL－1	B	UN3373	目前人类病毒不能培养
91	*Camel pox virus*	骆驼痘病毒	痘病毒科	第三类	BSL－2	ABSL－2	BSL－2	BSL－1	BSL－1	B	UN2814	

续上表

序号	病毒名称			危害程度分类	实验活动所需生物安全实验室级别					运输包装分类[f]		备注
	英文名	中文名	分类学地位		病毒培养[a]	动物感染实验[b]	未经培养的感染材料的操作[c]	灭活材料的操作[d]	无感染性材料的操作[e]	A/B	UN 编号	
92	*Colti virus*	Colti 病毒	呼肠病毒科	第三类	BSL－2	ABSL－2	BSL－2	BSL－1	BSL－1	B	UN3373	
93	*Corona virus*	冠状病毒	冠状病毒科	第三类	BSL－2	ABSL－2	BSL－2	BSL－1	BSL－1	B	UN3373	除了 SARS－CoV 以外，如 NL－63，OC－43，229E 等
94	*Cowpox virus*	牛痘病毒	痘病毒科	第三类	BSL－2	ABSL－2	BSL－2	BSL－1	BSL－1	B	UN3373	
95	*Coxsakie virus*	柯萨奇病毒	小 RNA 病毒科	第三类	BSL－2	ABSL－2	BSL－2	BSL－1	BSL－1	B	UN3373	
96	*Cytomegalo virus*	巨细胞病毒	疱疹病毒科	第三类	BSL－2	ABSL－2	BSL－2	BSL－1	BSL－1	B	UN3373	
97	*Dengue virus*	登革病毒	黄病毒科	第三类	BSL－2	ABSL－2	BSL－2	BSL－1	BSL－1	A	UN2814	仅培养物为 A 类
98	*ECHO virus*	埃可病毒	小 RNA 病毒科	第三类	BSL－2	ABSL－2	BSL－2	BSL－1	BSL－1	B	UN3373	
99	*Entero virus*	肠道病毒	小 RNA 病毒科	第三类	BSL－2	ABSL－2	BSL－2	BSL－1	BSL－1	B	UN3373	系指目前分类未定的肠道病毒

续上表

序号	病毒名称			危害程度分类	实验活动所需生物安全实验室级别					运输包装分类[f]		备注
	英文名	中文名	分类学地位		病毒培养[a]	动物感染实验[b]	未经培养的感染材料的操作[c]	灭活材料的操作[d]	无感染性材料的操作[e]	A/B	UN 编号	
100	*Entero virus* 71	肠道病毒-71 型	小 RNA 病毒科	第三类	BSL-2	ABSL-2	BSL-2	BSL-1	BSL-1	B	UN3373	
101	*Epstein-Barr virus*	EB 病毒	疱疹病毒科	第三类	BSL-2	ABSL-2	BSL-2	BSL-1	BSL-1	B	UN3373	
102	*Flanders virus*	费兰杜病毒	弹状病毒科	第三类	BSL-2	ABSL-2	BSL-2	BSL-1	BSL-1	B	UN3373	
103	*Flaviviruses known to be pathogenic*, *other*	其他的致病性黄病毒	黄病毒科	第三类	BSL-2	ABSL-2	BSL-2	BSL-1	BSL-1	B	UN3373	
104	*Guaratuba virus*	瓜纳图巴病毒	布尼亚病毒科	第三类	BSL-2	ABSL-2	BSL-2	BSL-1	BSL-1	B	UN3373	
105	*Hart Park virus*	Hart Par 病毒	弹状病毒科	第三类	BSL-2	ABSL-2	BSL-2	BSL-1	BSL-1	B	UN3373	
106	*Hazara virus*	Hazara 病毒	布尼亚病毒科	第三类	BSL-2	ABSL-2	BSL-2	BSL-1	BSL-1	B	UN3373	
107	*Hepatitis A virus*	甲型肝炎病毒	小 RNA 病毒科	第三类	BSL-2	ABSL-2	BSL-2	BSL-1	BSL-1	B	UN3373	

续上表

序号	病毒名称			危害程度分类	实验活动所需生物安全实验室级别					运输包装分类[f]		备注
	英文名	中文名	分类学地位		病毒培养[a]	动物感染实验[b]	未经培养的感染材料的操作[c]	灭活材料的操作[d]	无感染性材料的操作[e]	A/B	UN 编号	
108	*Hepatitis B virus*	乙型肝炎病毒	嗜肝 DNA 病毒科	第三类	BSL-2	ABSL-2	BSL-2	BSL-1	BSL-1	A	UN2814	目前不能培养，但有产毒细胞系。仅细胞培养物为 A 类。
109	*Hepatitis C virus*	丙型肝炎病毒	黄病毒科	第三类	BSL-2	ABSL-2	BSL-2	BSL-1	BSL-1	B	UN3373	目前不能培养
110	*Hepatitis D virus*	丁型肝炎病毒	卫星病毒	第三类	BSL-2	ABSL-2	BSL-2	BSL-1	BSL-1	B	UN3373	目前不能培养
111	*Hepatitis E virus*	戊型肝炎病毒	嵌杯病毒科	第三类	BSL-2	ABSL-2	BSL-2	BSL-1	BSL-1	B	UN3373	目前不能培养
112	*Herpes simplex virus*	单纯疱疹病毒	疱疹病毒科	第三类	BSL-2	ABSL-2	BSL-2	BSL-1	BSL-1	B	UN3373	
113	*Human herpes virus* -6	人疱疹病毒 6 型	疱疹病毒科	第三类	BSL-2	ABSL-2	BSL-2	BSL-1	BSL-1	B	UN3373	
114	*Human herpes virus* -7	人疱疹病毒 7 型	疱疹病毒科	第三类	BSL-2	ABSL-2	BSL-2	BSL-1	BSL-1	B	UN3373	

续上表

序号	病毒名称			危害程度分类	实验活动所需生物安全实验室级别					运输包装分类[f]		备注
	英文名	中文名	分类学地位		病毒培养[a]	动物感染实验[b]	未经培养的感染材料的操作[c]	灭活材料的操作[d]	无感染性材料的操作[e]	A/B	UN 编号	
115	*Human herpes virus* – 8	人疱疹病毒 8 型	疱疹病毒科	第三类	BSL – 2	ABSL – 2	BSL – 2	BSL – 1	BSL – 1	B	UN3373	
116	*Human T-lymphotropic virus*	人 T 细胞白血病病毒	逆转录病毒科	第三类	BSL – 2	ABSL – 2	BSL – 2	BSL – 1	BSL – 1	B	UN3373	
117	*Influenza virus*	流行性感冒病毒（非 H2N2 亚型）	正粘病毒科	第三类	BSL – 2	ABSL – 2	BSL – 2	BSL – 1	BSL – 1	B	UN3373	包括甲、乙和丙型。A/PR8/34，A/WS/33 可在 BSL – 1 操作。根据 WHO 最新建议，H2N2 亚型病毒应提高防护等级。
		甲型流行性感冒病毒 H2N2 亚型	正粘病毒科	第三类	BSL – 3	ABSL – 3	BSL – 2	BSL – 1	BSL – 1	B	UN2814	
118	*Kunjin virus*	Kunjin 病毒	黄病毒科	第三类	BSL – 2	ABSL – 2	BSL – 2	BSL – 1	BSL – 1	B	UN3373	
119	*La Crosse virus*	La Crosse 病毒	布尼亚病毒科	第三类	BSL – 2	ABSL – 2	BSL – 2	BSL – 1	BSL – 1	B	UN3373	

续上表

序号	病毒名称			危害程度分类	实验活动所需生物安全实验室级别					运输包装分类[f]		备注
	英文名	中文名	分类学地位		病毒培养[a]	动物感染实验[b]	未经培养的感染材料的操作[c]	灭活材料的操作[d]	无感染性材料的操作[e]	A/B	UN 编号	
120	*Langat virus*	Langat 病毒	黄病毒科	第三类	BSL－2	ABSL－2	BSL－2	BSL－1	BSL－1	B	UN3373	
121	*Lentivirus*, *except HIV*	慢病毒，除 HIV 外	逆转录病毒科	第三类	BSL－2	ABSL－2	BSL－2	BSL－1	BSL－1	B	UN3373	
122	*Lymphocytic choriomeningitis virus*	淋巴细胞性脉络丛脑膜炎病毒	沙粒病毒科	第三类：其他亲内脏性的	BSL－2	ABSL－2	BSL－2	BSL－1	BSL－1	B	UN3373	
123	*Measles virus*	麻疹病毒	副粘病毒科	第三类	BSL－2	ABSL－2	BSL－2	BSL－1	BSL－1	B	UN3373	
124	*Metapneumo virus*	Meta 肺炎病毒	副粘病毒科	第三类	BSL－2	ABSL－2	BSL－2	BSL－1	BSL－1	B	UN3373	
125	*Molluscum contagiosum virus*	传染性软疣病毒	痘病毒科	第三类	BSL－2	ABSL－2	BSL－2	BSL－1	BSL－1	B	UN3373	
126	*Mumps virus*	流行性腮腺炎病毒	副粘病毒科	第三类	BSL－2	ABSL－2	BSL－2	BSL－1	BSL－1	B	UN3373	
127	*O'nyong－nyong virus*	阿尼昂－尼昂病毒	披膜病毒科	第三类	BSL－2	ABSL－2	BSL－2	BSL－1	BSL－1	B	UN3373	
128	*Oncogenic RNA virus B*	致癌 RNA 病毒 B	逆转录病毒科	第三类	BSL－2	ABSL－2	BSL－2	BSL－1	BSL－1	B	UN3373	

续上表

序号	病毒名称			危害程度分类	实验活动所需生物安全实验室级别					运输包装分类[f]		备注
	英文名	中文名	分类学地位		病毒培养[a]	动物感染实验[b]	未经培养的感染材料的操作[c]	灭活材料的操作[d]	无感染性材料的操作[e]	A/B	UN 编号	
129	*Oncogenic RNA virus C, except HTLV* I *and* II	除 HTLV I 和 II 外的致癌 RNA 病毒 C	逆转录病毒科	第三类	BSL－2	ABSL－2	BSL－2	BSL－1	BSL－1	B	UN3373	
130	*Other bunyaviridae known to be pathogenic*	其他已知致病的布尼亚病毒科病毒	布尼亚病毒科	第三类	BSL－2	ABSL－2	BSL－2	BSL－1	BSL－1	B	UN3373	
131	*Papillomavirus* (*human*)	人乳头瘤病毒	乳多空病毒科	第三类	BSL－2	ABSL－2	BSL－2	BSL－1	BSL－1	B	UN3373	目前不能培养
132	*Parainfluenza virus*	副流感病毒	副粘病毒科	第三类	BSL－2	ABSL－2	BSL－2	BSL－1	BSL－1	B	UN3373	
133	*Paravaccinia virus*	副牛痘病毒	痘病毒科	第三类	BSL－2	ABSL－2	BSL－2	BSL－1	BSL－1	B	UN3373	
134	*Parvovirus B19*	细小病毒 B19	细小病毒科	第三类	BSL－2	ABSL－2	BSL－2	BSL－1	BSL－1	B	UN3373	
135	*Polyoma virus, BK and JC viruses*	多瘤病毒、BK 和 JC 病毒	乳多空病毒科	第三类	BSL－2	ABSL－2	BSL－2	BSL－1	BSL－1	B	UN3373	

续上表

序号	病毒名称			危害程度分类	实验活动所需生物安全实验室级别					运输包装分类[f]		备注
	英文名	中文名	分类学地位		病毒培养[a]	动物感染实验[b]	未经培养的感染材料的操作[c]	灭活材料的操作[d]	无感染性材料的操作[e]	A/B	UN 编号	
136	*Rabies virus*（*fixed virus*）	狂犬病毒（固定毒）	弹状病毒科	第三类	BSL-2	ABSL-2	BSL-2	BSL-1	BSL-1	B	UN3373	
137	*Respiratory syncytial virus*	呼吸道合胞病毒	副粘病毒科	第三类	BSL-2	ABSL-2	BSL-2	BSL-1	BSL-1	B	UN3373	
138	*Rhino virus*	鼻病毒	小 RNA 病毒科	第三类	BSL-2	ABSL-2	BSL-2	BSL-1	BSL-1	B	UN3373	
139	*Ross river virus*	罗斯河病毒	披膜病毒科	第三类	BSL-2	ABSL-2	BSL-2	BSL-1	BSL-1	B	UN3373	
140	*Rotavirus*	轮状病毒	呼肠孤病毒科	第三类	BSL-2	ABSL-2	BSL-2	BSL-1	BSL-1	B	UN3373	部分（如 B 组）不能培养
141	*Rubivirus*（*Rubella*）	风疹病毒	披膜病毒科	第三类	BSL-2	ABSL-2	BSL-2	BSL-1	BSL-1	B	UN3373	
142	*Sammarez Reef virus*	Sammarez Reef 病毒	黄病毒科	第三类	BSL-2	ABSL-2	BSL-2	BSL-1	BSL-1	B	UN3373	
143	*Sandfly fever virus*	白蛉热病毒	布尼亚病毒科	第三类	BSL-2	ABSL-2	BSL-2	BSL-1	BSL-1	B	UN3373	

续上表

序号	病毒名称			危害程度分类	实验活动所需生物安全实验室级别					运输包装分类[f]		备注
	英文名	中文名	分类学地位		病毒培养[a]	动物感染实验[b]	未经培养的感染材料的操作[c]	灭活材料的操作[d]	无感染性材料的操作[e]	A/B	UN 编号	
144	*Semliki forest virus*	塞姆利基森林病毒	披膜病毒科	第三类	BSL - 2	ABSL - 2	BSL - 2	BSL - 1	BSL - 1	A	UN2814	
145	*Sendai virus* (*murine parainfluenza virus type* 1)	仙台病毒(鼠副流感病毒 1 型)	副粘病毒科	第三类	BSL - 2	ABSL - 2	BSL - 2	BSL - 1	BSL - 1	B	UN3373	
146	*Simian virus*40	猴病毒 40	乳多空病毒科	第三类	BSL - 2	ABSL - 2	BSL - 2	BSL - 1	BSL - 1	B	UN3373	
147	*Sindbis virus*	辛德毕斯病毒	披膜病毒科	第三类	BSL - 2	ABSL - 2	BSL - 2	BSL - 1	BSL - 1	B	UN3373	
148	*Tanapox virus*	塔那痘病毒	痘病毒科	第三类	BSL - 2	ABSL - 2	BSL - 2	BSL - 1	BSL - 1	B	UN3373	
149	*Tensaw virus*	Tensaw 病毒	布尼亚病毒科	第三类	BSL - 2	ABSL - 2	BSL - 2	BSL - 1	BSL - 1	B	UN3373	
150	*Turlock virus*	Turlock 病毒	布尼亚病毒科	第三类	BSL - 2	ABSL - 2	BSL - 2	BSL - 1	BSL - 1	B	UN3373	
151	*Vaccinia virus*	痘苗病毒	痘病毒科	第三类	BSL - 2	ABSL - 2	BSL - 2	BSL - 1	BSL - 1	B	UN3373	

续上表

序号	病毒名称			危害程度分类	实验活动所需生物安全实验室级别					运输包装分类[f]		备注
	英文名	中文名	分类学地位		病毒培养[a]	动物感染实验[b]	未经培养的感染材料的操作[c]	灭活材料的操作[d]	无感染性材料的操作[e]	A/B	UN 编号	
152	*Varicella-Zoster virus*	水痘－带状疱疹病毒	疱疹病毒科	第三类	BSL－2	ABSL－2	BSL－2	BSL－1	BSL－1	B	UN3373	
153	*Vesicular stomatitis virus*	水泡性口炎病毒	弹状病毒科	第三类	BSL－2	ABSL－2	BSL－2	BSL－1	BSL－1	A	UN2900	
154	*Yellow fever virus*，(*vaccine strain*，*17D*)	黄热病毒（疫苗株，17D）	黄病毒科	第三类	BSL－2	ABSL－2	BSL－2	BSL－1	BSL－1	B	UN3373	
155	*Guinea pig herpes virus*	豚鼠疱疹病毒	疱疹病毒科	第四类	BSL－1	ABSL－1	BSL－1	BSL－1	BSL－1			
156	*Hamster leukemia virus*	金黄地鼠白血病病毒	逆转录病毒科	第四类	BSL－1	ABSL－1	BSL－1	BSL－1	BSL－1			
157	*Herpesvirus saimiri*，*Genus Rhadinovirus*	松鼠猴疱疹病毒，猴病毒属	疱疹病毒科	第四类	BSL－1	ABSL－1	BSL－1	BSL－1	BSL－1			

续上表

序号	病毒名称			危害程度分类	实验活动所需生物安全实验室级别					运输包装分类[f]		备注
	英文名	中文名	分类学地位		病毒培养[a]	动物感染实验[b]	未经培养的感染材料的操作[c]	灭活材料的操作[d]	无感染性材料的操作[e]	A/B	UN 编号	
158	*Mouse leukemia virus*	小鼠白血病病毒	逆转录病毒科	第四类	BSL－1	ABSL－1	BSL－1	BSL－1	BSL－1			
159	*Mouse mammary tumor virus*	小鼠乳腺瘤病毒	逆转录病毒科	第四类	BSL－1	ABSL－1	BSL－1	BSL－1	BSL－1			
160	*Rat leukemia virus*	大鼠白血病病毒	逆转录病毒科	第四类	BSL－1	ABSL－1	BSL－1	BSL－1	BSL－1			

附录：Prion

序号	疾病英文名	疾病中文名	危害分类	不同实验活动所需实验室生物安全级别			运输包装分类[f]		备注
				组织培养	动物感染	感染性材料的检测	A/B	UN 编号	
1	*Bovine spongiform encephalopathy* (*BSE*)	疯牛病	第二类	BSL－3	ABSL－3	BSL－2	B	UN3373	需要有 134 ℃高压灭菌条件
2	*Creutzfeldt-Jacob disease*（*CJD*）	人克－雅氏病	第二类	BSL－2	ABSL－3	BSL－2	B	UN3373	需要有 134 ℃高压灭菌条件
3	*Gerstmann-Straussler-Scheinker syndrome*（*GSS*）	吉斯特曼－斯召斯列综合征	第二类	BSL－2	ABSL－3	BSL－2	B	UN3373	需要有 134 ℃高压灭菌条件
4	*Kuru disease*	Kuru 病	第二类	BSL－3	ABSL－3	BSL－2	B	UN3373	需要有 134 ℃高压灭菌条件
5	*Scrapie*	瘙痒病因子	第三类	BSL－2	ABSL－3	BSL－2	B	UN3373	需要有 134 ℃高压灭菌条件
6	*New variance Creutzfeldt-Jacob disease*（*nvCJD*）	变异型克－雅氏病	第二类	BSL－3	ABSL－3	BSL－2	B	UN3373	需要有 134 ℃高压灭菌条件

注：BSL－n/ABSL－n：不同生物安全级别的实验室/动物实验室。Prion 为特殊病原体，其危害程度分类及相应实验活动的生物安全防护水平单独列出。

a. 病毒培养：指病毒的分离、培养、滴定、中和试验、活病毒及其蛋白纯化、病毒冻干以及产生活病毒的重组试验等操作。利用活病毒或其感染细胞（或细胞提取物），不经灭活进行的生化分析、血清学检测、免疫学检测等操作视同病毒培养。使用病毒培养物提取核酸，裂解剂或灭活剂的加入必须在与病毒培养同等级别的实验室和防护条件下进行，裂解剂或灭活剂加入后可比照未经培养的感染性材料的防护等级进行操作。

b. 动物感染实验：指以活病毒感染动物的实验。

c. 未经培养的感染性材料的操作：指未经培养的感染性材料在采用可靠的方法灭活前进行的病毒抗原检测、血清学检测、核酸检测、生化分析等操作。未经可靠灭活或固定的人和动物组织标本因含病毒量较高，其操作的防护级别应比照病毒培养。

d. 灭活材料的操作：指感染性材料或活病毒在采用可靠的方法灭活后进行的病毒抗原检测、血清学检测、核酸检测、生化分析、分子生物学实验等不含致病性活病毒的操作。

e. 无感染性材料的操作：指针对确认无感染性的材料的各种操作，包括但不限于无感染性的病毒 DNA 或 cDNA 操作。

f. 运输包装分类：按国际民航组织文件 Doc9284《危险品航空安全运输技术细则》的分类包装要求，将相关病原和标本分为 A、B 两类，对应的联合国编号分别为 UN2814（动物病毒为 UN2900）和 UN3373。对于 A 类感染性物质，若表中未注明“仅限于病毒培养物”，则包括涉及该病毒的所有材料；对于注明“仅限于病毒培养物”的 A 类感染性物质，则病毒培养物按 UN2814 包装，其他标本按 UN3373 要求进行包装。凡标明 B 类的病毒和相关样本均按 UN3373 的要求包装和空运。通过其他交通工具运输的可参照以上标准进行包装。

g. 这里特指亚欧地区传播的蜱传脑炎、俄罗斯春夏脑炎和中欧型蜱传脑炎。

h. 脊髓灰质炎病毒：这里只是列出一般指导性原则。目前对于脊髓灰质炎病毒野毒株的操作应遵从原卫生部有关规定。对于疫苗株按 3 类病原微生物的防护要求进行操作，病毒培养的防护条件为 BSL－2，动物感染为 ABSL－2，未经培养的感染性材料的操作在 BSL－2，灭活和无感染性材料的操作均在 BSL－1。疫苗衍生毒株（VDPV）病毒培养的防护条件为 BSL－2，动物感染为 ABSL－3，未经培养的感染性材料的操作在 BSL－2，灭活和无感染性材料的操作均在 BSL－1。上述指导原则会随着全球消灭脊髓灰质炎病毒的进展状况而有所改变，新的指导原则按新规定执行。

（来源：中华人民共和国国家卫生健康委员会网站 http://www.nhc.gov.cn/jkj/s7914/200804/de764f35fd1b4fd4b4bffacb0e1f8333.shtml）

附件3

危险化学品安全管理条例

中华人民共和国国务院令第591号，自2011年12月1日起施行

第一章　总则

第一条

为了加强危险化学品的安全管理，预防和减少危险化学品事故，保障人民群众生命财产安全，保护环境，制定本条例。

第二条

危险化学品生产、储存、使用、经营和运输的安全管理，适用本条例。废弃危险化学品的处置，依照有关环境保护的法律、行政法规和国家有关规定执行。

第三条

本条例所称危险化学品，是指具有毒害、腐蚀、爆炸、燃烧、助燃等性质，对人体、设施、环境具有危害的剧毒化学品和其他化学品。危险化学品目录，由国务院安全生产监督管理部门会同国务院工业和信息化、公安、环境保护、卫生、质量监督检验检疫、交通运输、铁路、民用航空、农业主管部门，根据化学品危险特性的鉴别和分类标准确定、公布，并适时调整。

第四条

危险化学品安全管理，应当坚持安全第一、预防为主、综合治理的方针，强化和落实企业的主体责任。生产、储存、使用、经营、运输危险化学品的单位（以下统称危险化学品单位）的主要负责人对本单位的危险化学品安全管理工作全面负责。危险化学品单位应当具备法律、行政法规规定和国家标准、行业标准要求的安全条件，建立健全安全管理规章制度和岗位安全责任制度，对从业人员进行安全教育、法制教育和岗位技术培训。从业人员应当接受教育和培训，考核合格后上岗作业；对有资格要求的岗位，应当配备依法取得相应资格的人员。

第五条

任何单位和个人不得生产、经营、使用国家禁止生产、经营、使用的危险化学品。国家对危险化学品的使用有限制性规定的，任何单位和个人不得违反限制性规定使用危险化学品。

第六条

对危险化学品的生产、储存、使用、经营、运输实施安全监督管理的有关部门（以下统称负有危险化学品安全监督管理职责的部门），依照下列规定履行职责：（一）安全生产监督管理部门负责危险化学品安全监督管理综合工作，组织确定、公布、调整危险化学品目录，对新建、改建、扩建生产、储存危险化学品（包括使用长输管道输送危险化学品，下同）的建设项目进行安全条件审查，核发危险化学品安全生产许可证、危险化学品安全使用许可证和危险化学品经营许

可证，并负责危险化学品登记工作。（二）公安机关负责危险化学品的公共安全管理，核发剧毒化学品购买许可证、剧毒化学品道路运输通行证，并负责危险化学品运输车辆的道路交通安全管理。（三）质量监督检验检疫部门负责核发危险化学品及其包装物、容器（不包括储存危险化学品的固定式大型储罐，下同）生产企业的工业产品生产许可证，并依法对其产品质量实施监督，负责对进出口危险化学品及其包装实施检验。（四）环境保护主管部门负责废弃危险化学品处置的监督管理，组织危险化学品的环境危害性鉴定和环境风险程度评估，确定实施重点环境管理的危险化学品，负责危险化学品环境管理登记和新化学物质环境管理登记；依照职责分工调查相关危险化学品环境污染事故和生态破坏事件，负责危险化学品事故现场的应急环境监测。（五）交通运输主管部门负责危险化学品道路运输、水路运输的许可以及运输工具的安全管理，对危险化学品水路运输安全实施监督，负责危险化学品道路运输企业、水路运输企业驾驶人员、船员、装卸管理人员、押运人员、申报人员、集装箱装箱现场检查员的资格认定。铁路监管部门负责危险化学品铁路运输及其运输工具的安全管理。民用航空主管部门负责危险化学品航空运输以及航空运输企业及其运输工具的安全管理。（六）卫生主管部门负责危险化学品毒性鉴定的管理，负责组织、协调危险化学品事故受伤人员的医疗卫生救援工作。（七）工商行政管理部门依据有关部门的许可证件，核发危险化学品生产、储存、经营、运输企业营业执照，查处危险化学品经营企业违法采购危险化学品的行为。（八）邮政管理部门负责依法查处寄递危险化学品的行为。

第七条

负有危险化学品安全监督管理职责的部门依法进行监督检查，可以采取下列措施：（一）进入危险化学品作业场所实施现场检查，向有关单位和人员了解情况，查阅、复制有关文件、资料；（二）发现危险化学品事故隐患，责令立即消除或者限期消除；（三）对不符合法律、行政法规、规章规定或者国家标准、行业标准要求的设施、设备、装置、器材、运输工具，责令立即停止使用；（四）经本部门主要负责人批准，查封违法生产、储存、使用、经营危险化学品的场所，扣押违法生产、储存、使用、经营、运输的危险化学品以及用于违法生产、使用、运输危险化学品的原材料、设备、运输工具；（五）发现影响危险化学品安全的违法行为，当场予以纠正或者责令限期改正。负有危险化学品安全监督管理职责的部门依法进行监督检查，监督检查人员不得少于2人，并应当出示执法证件；有关单位和个人对依法进行的监督检查应当予以配合，不得拒绝、阻碍。

第八条

县级以上人民政府应当建立危险化学品安全监督管理工作协调机制，支持、督促负有危险化学品安全监督管理职责的部门依法履行职责，协调、解决危险化学品安全监督管理工作中的重大问题。负有危险化学品安全监督管理职责的部门应当相互配合、密切协作，依法加强对危险化学品的安全监督管理。

第九条

任何单位和个人对违反本条例规定的行为，有权向负有危险化学品安全监督管理职责的部门举报。负有危险化学品安全监督管理职责的部门接到举报，应当及时依法处理；对不属于本部门职责的，应当及时移送有关部门处理。

第十条

国家鼓励危险化学品生产企业和使用危险化学品从事生产的企业采用有利于提高安全保障水平的先进技术、工艺、设备以及自动控制系统，鼓励对危险化学品实行专门储存、统一配送、集中销售。

第二章 生产、储存安全

第十一条

国家对危险化学品的生产、储存实行统筹规划、合理布局。国务院工业和信息化主管部门以及国务院其他有关部门依据各自职责，负责危险化学品生产、储存的行业规划和布局。地方人民政府组织编制城乡规划，应当根据本地区的实际情况，按照确保安全的原则，规划适当区域专门用于危险化学品的生产、储存。

第十二条

新建、改建、扩建生产、储存危险化学品的建设项目（以下简称建设项目），应当由安全生产监督管理部门进行安全条件审查。建设单位应当对建设项目进行安全条件论证，委托具备国家规定的资质条件的机构对建设项目进行安全评价，并将安全条件论证和安全评价的情况报告报建设项目所在地设区的市级以上人民政府安全生产监督管理部门；安全生产监督管理部门应当自收到报告之日起45日内做出审查决定，并书面通知建设单位。具体办法由国务院安全生产监督管理部门制定。新建、改建、扩建储存、装卸危险化学品的港口建设项目，由港口行政管理部门按照国务院交通运输主管部门的规定进行安全条件审查。

第十三条

生产、储存危险化学品的单位，应当对其铺设的危险化学品管道设置明显标志，并对危险化学品管道定期检查、检测。进行可能危及危险化学品管道安全的施工作业，施工单位应当在开工的7日前书面通知管道所属单位，并与管道所属单位共同制定应急预案，采取相应的安全防护措施。管道所属单位应当指派专门人员到现场进行管道安全保护指导。

第十四条

危险化学品生产企业进行生产前，应当依照《安全生产许可证条例》的规定，取得危险化学品安全生产许可证。生产列入国家实行生产许可证制度的工业产品目录的危险化学品的企业，应当依照《中华人民共和国工业产品生产许可证管理条例》的规定，取得工业产品生产许可证。负责颁发危险化学品安全生产许可证、工业产品生产许可证的部门，应当将其颁发许可证的情况及时向同级工业和信息化主管部门、环境保护主管部门和公安机关通报。

第十五条

危险化学品生产企业应当提供与其生产的危险化学品相符的化学品安全技术说明书，并在危险化学品包装（包括外包装件）上粘贴或者拴挂与包装内危险化学品相符的化学品安全标签。化学品安全技术说明书和化学品安全标签所载明的内容应当符合国家标准的要求。危险化学品生产企业发现其生产的危险化学品有新的危险特性的，应当立即公告，并及时修订其化学品安全技术说明书和化学品安全标签。

第十六条

生产实施重点环境管理的危险化学品的企业，应当按照国务院环境保护主管部门的规定，将该危险化学品向环境中释放等相关信息向环境保护主管部门报告。环境保护主管部门可以根据情况采取相应的环境风险控制措施。

第十七条

危险化学品的包装应当符合法律、行政法规、规章的规定以及国家标准、行业标准的要求。危险化学品包装物、容器的材质以及危险化学品包装的型式、规格、方法和单件质量（重量），应当与所包装的危险化学品的性质和用途相适应。

第十八条

生产列入国家实行生产许可证制度的工业产品目录的危险化学品包装物、容器的企业，应当依照《中华人民共和国工业产品生产许可证管理条例》的规定，取得工业产品生产许可证；其生产的危险化学品包装物、容器经国务院质量监督检验检疫部门认定的检验机构检验合格，方可出厂销售。运输危险化学品的船舶及其配载的容器，应当按照国家船舶检验规范进行生产，并经海事管理机构认定的船舶检验机构检验合格，方可投入使用。对重复使用的危险化学品包装物、容器，使用单位在重复使用前应当进行检查；发现存在安全隐患的，应当维修或者更换。使用单位应当对检查情况做出记录，记录的保存期限不得少于2年。

第十九条

危险化学品生产装置或者储存数量构成重大危险源的危险化学品储存设施（运输工具加油站、加气站除外），与下列场所、设施、区域的距离应当符合国家有关规定：（一）居住区以及商业中心、公园等人员密集场所；（二）学校、医院、影剧院、体育场（馆）等公共设施；（三）饮用水源、水厂以及水源保护区；（四）车站、码头（依法经许可从事危险化学品装卸作业的除外）、机场以及通信干线、通信枢纽、铁路线路、道路交通干线、水路交通干线、地铁风亭以及地铁站出入口；（五）基本农田保护区、基本草原、畜禽遗传资源保护区、畜禽规模化养殖场（养殖小区）、渔业水域以及种子、种畜禽、水产苗种生产基地；（六）河流、湖泊、风景名胜区、自然保护区；（七）军事禁区、军事管理区；（八）法律、行政法规规定的其他场所、设施、区域。已建的危险化学品生产装置或者储存数量构成重大危险源的危险化学品储存设施不符合前款规定的，由所在地设区的市级人民政府安全生产监督管理部门会同有关部门监督其所属单位在规定期限内进行整改；需要转产、停产、搬迁、关闭的，由本级人民政府决定并组织实施。储存数量构成重大危险源的危险化学品储存设施的选址，应当避开地震活动断层和容易发生洪灾、地质灾害的区域。本条例所称重大危险源，是指生产、储存、使用或者搬运危险化学品，且危险化学品的数量等于或者超过临界量的单元（包括场所和设施）。

第二十条

生产、储存危险化学品的单位，应当根据其生产、储存的危险化学品的种类和危险特性，在作业场所设置相应的监测、监控、通风、防晒、调温、防火、灭火、防爆、泄压、防毒、中和、防潮、防雷、防静电、防腐、防泄漏以及防护围堤或者隔离操作等安全设施、设备，并按照国家标准、行业标准或者国家有关规定对安全设施、设备进行经常性维护、保养，保证安全设施、设备的正常使用。生产、储存危险化学品的单位，应当在其作业场所和安全设施、设备上设置明显的安全警示标志。

第二十一条

生产、储存危险化学品的单位，应当在其作业场所设置通信、报警装置，并保证处于适用状态。

第二十二条

生产、储存危险化学品的企业，应当委托具备国家规定的资质条件的机构，对本企业的安全生产条件每 3 年进行一次安全评价，提出安全评价报告。安全评价报告的内容应当包括对安全生产条件存在的问题进行整改的方案。生产、储存危险化学品的企业，应当将安全评价报告以及整改方案的落实情况报所在地县级人民政府安全生产监督管理部门备案。在港区内储存危险化学品的企业，应当将安全评价报告以及整改方案的落实情况报港口行政管理部门备案。

第二十三条

生产、储存剧毒化学品或者国务院公安部门规定的可用于制造爆炸物品的危险化学品（以下简称易制爆危险化学品）的单位，应当如实记录其生产、储存的剧毒化学品、易制爆危险化学品的数量、流向，并采取必要的安全防范措施，防止剧毒化学品、易制爆危险化学品丢失或者被盗；发现剧毒化学品、易制爆危险化学品丢失或者被盗的，应当立即向当地公安机关报告。生产、储存剧毒化学品、易制爆危险化学品的单位，应当设置治安保卫机构，配备专职治安保卫人员。

第二十四条

危险化学品应当储存在专用仓库、专用场地或者专用储存室（以下统称专用仓库）内，并由专人负责管理；剧毒化学品以及储存数量构成重大危险源的其他危险化学品，应当在专用仓库内单独存放，并实行双人收发、双人保管制度。危险化学品的储存方式、方法以及储存数量应当符合国家标准或者国家有关规定。

第二十五条

储存危险化学品的单位应当建立危险化学品出入库核查、登记制度。对剧毒化学品以及储存数量构成重大危险源的其他危险化学品，储存单位应当将其储存数量、储存地点以及管理人员的情况，报所在地县级人民政府安全生产监督管理部门（在港区内储存的，报港口行政管理部门）和公安机关备案。

第二十六条

危险化学品专用仓库应当符合国家标准、行业标准的要求，并设置明显的标志。储存剧毒化学品、易制爆危险化学品的专用仓库，应当按照国家有关规定设置相应的技术防范设施。储存危险化学品的单位应当对其危险化学品专用仓库的安全设施、设备定期进行检测、检验。

第二十七条

生产、储存危险化学品的单位转产、停产、停业或者解散的，应当采取有效措施，及时、妥善处置其危险化学品生产装置、储存设施以及库存的危险化学品，不得丢弃危险化学品；处置方案应当报所在地县级人民政府安全生产监督管理部门、工业和信息化主管部门、环境保护主管部门和公安机关备案。安全生产监督管理部门应当会同环境保护主管部门和公安机关对处置情况进行监督检查，发现未依照规定处置的，应当责令其立即处置。

第三章　使用安全

第二十八条

使用危险化学品的单位，其使用条件（包括工艺）应当符合法律、行政法规的规定和国家标准、行业标准的要求，并根据所使用的危险化学品的种类、危险特性以及使用量和使用方式，建立、健全使用危险化学品的安全管理规章制度和安全操作规程，保证危险化学品的安全使用。

第二十九条

使用危险化学品从事生产并且使用量达到规定数量的化工企业（属于危险化学品生产企业的除外，下同），应当依照本条例的规定取得危险化学品安全使用许可证。前款规定的危险化学品使用量的数量标准，由国务院安全生产监督管理部门会同国务院公安部门、农业主管部门确定并公布。

第三十条

申请危险化学品安全使用许可证的化工企业，除应当符合本条例第二十八条的规定外，还应当具备下列条件：（一）有与所使用的危险化学品相适应的专业技术人员；（二）有安全管理机构和专职安全管理人员；（三）有符合国家规定的危险化学品事故应急预案和必要的应急救援器材、设备；（四）依法进行了安全评价。

第三十一条

申请危险化学品安全使用许可证的化工企业，应当向所在地设区的市级人民政府安全生产监督管理部门提出申请，并提交其符合本条例第三十条规定条件的证明材料。设区的市级人民政府安全生产监督管理部门应当依法进行审查，自收到证明材料之日起45 日内做出批准或者不予批准的决定。予以批准的，颁发危险化学品安全使用许可证；不予批准的，书面通知申请人并说明理由。安全生产监督管理部门应当将其颁发危险化学品安全使用许可证的情况及时向同级环境保护主管部门和公安机关通报。

第三十二条

本条例第十六条关于生产实施重点环境管理的危险化学品的企业的规定，适用于使用实施重点环境管理的危险化学品从事生产的企业；第二十条、第二十一条、第二十三条第一款、第二十七条关于生产、储存危险化学品的单位的规定，适用于使用危险化学品的单位；第二十二条关于生产、储存危险化学品的企业的规定，适用于使用危险化学品从事生产的企业。

第四章　经营安全

第三十三条

国家对危险化学品经营（包括仓储经营，下同）实行许可制度。未经许可，任何单位和个人不得经营危险化学品。依法设立的危险化学品生产企业在其厂区范围内销售本企业生产的危险化学品，不需要取得危险化学品经营许可。依照《中华人民共和国港口法》的规定取得港口经营许可证的港口经营人，在港区内从事危险化学品仓储经营，不需要取得危险化学品经营许可。

第三十四条

从事危险化学品经营的企业应当具备下列条件：（一）有符合国家标准、行业标准的经营场所，储存危险化学品的，还应当有符合国家标准、行业标准的储存设施；（二）从业人员经过专业技术培训并经考核合格；（三）有健全的安全管理规章制度；（四）有专职安全管理人员；（五）有符合国家规定的危险化学品事故应急预案和必要的应急救援器材、设备；（六）法律、法规规定的其他条件。

第三十五条

从事剧毒化学品、易制爆危险化学品经营的企业，应当向所在地设区的市级人民政府安全生产监督管理部门提出申请，从事其他危险化学品经营的企业，应当向所在地县级人民政府安全生产监督管理部门提出申请（有储存设施的，应当向所在地设区的市级人民政府安全生产监督管理部门提出申请）。申请人应当提交其符合本条例第三十四条规定条件的证明材料。设区的市级人民政府安全生产监督管理部门或者县级人民政府安全生产监督管理部门应当依法进行审查，并对申请人的经营场所、储存设施进行现场核查，自收到证明材料之日起30 日内做出批准或者不予批准的决定。予以批准的，颁发危险化学品经营许可证；不予批准的，书面通知申请人并说明理由。设区的市级人民政府安全生产监督管理部门和县级人民政府安全生产监督管理部门应当将其颁发危险化学品经营许可证的情况及时向同级环境保护主管部门和公安机关通报。申请人持危险化学品经营许可证向工商行政管理部门办理登记手续后，方可从事危险化学品经营活动。法律、行政法规或者国务院规定经营危险化学品还需要经其他有关部门许可的，申请人向工商行政管理部门办理登记手续时还应当持相应的许可证件。

第三十六条

危险化学品经营企业储存危险化学品的，应当遵守本条例第二章关于储存危险化学品的规定。危险化学品商店内只能存放民用小包装的危险化学品。

第三十七条

危险化学品经营企业不得向未经许可从事危险化学品生产、经营活动的企业采购危险化学品，不得经营没有化学品安全技术说明书或者化学品安全标签的危险化学品。

第三十八条

依法取得危险化学品安全生产许可证、危险化学品安全使用许可证、危险化学品经营许可证的企业，凭相应的许可证件购买剧毒化学品、易制爆危险化学品。民用爆炸物品生产企业凭民用爆炸物品生产许可证购买易制爆危险化学品。前款规定以外的单位购买剧毒化学品的，应当向所在地县级人民政府公安机关申请取得剧毒化学品购买许可证；购买易制爆危险化学品的，应当持本单位出具的合法用途说明。个人不得购买剧毒化学品（属于剧毒化学品的农药除外）和易制爆危险化学品。

第三十九条

申请取得剧毒化学品购买许可证，申请人应当向所在地县级人民政府公安机关提交下列材料：（一）营业执照或者法人证书（登记证书）的复印件；（二）拟购买的剧毒化学品品种、数量的说明；（三）购买剧毒化学品用途的说明；（四）经办人的身份证明。县级人民政府公安机关应当自收到前款规定的材料之日起3日内，做出批准或者不予批准的决定。予以批准的，颁发剧毒化学品购买许可证；不予批准的，书面通知申请人并说明理由。剧毒化学品购买许可证管理办法由国务院公安部门制定。

第四十条

危险化学品生产企业、经营企业销售剧毒化学品、易制爆危险化学品，应当查验本条例第三十八条第一款、第二款规定的相关许可证件或者证明文件，不得向不具有相关许可证件或者证明文件的单位销售剧毒化学品、易制爆危险化学品。对持剧毒化学品购买许可证购买剧毒化学品的，应当按照许可证载明的品种、数量销售。禁止向个人销售剧毒化学品（属于剧毒化学品的农药除外）和易制爆危险化学品。

第四十一条

危险化学品生产企业、经营企业销售剧毒化学品、易制爆危险化学品，应当如实记录购买单位的名称、地址、经办人的姓名、身份证号码以及所购买的剧毒化学品、易制爆危险化学品的品种、数量、用途。销售记录以及经办人的身份证明复印件、相关许可证件复印件或者证明文件的保存期限不得少于1年。剧毒化学品、易制爆危险化学品的销售企业、购买单位应当在销售、购买后5日内，将所销售、购买的剧毒化学品、易制爆危险化学品的品种、数量以及流向信息报所在地县级人民政府公安机关备案，并输入计算机系统。

第四十二条

使用剧毒化学品、易制爆危险化学品的单位不得出借、转让其购买的剧毒化学品、易制爆危险化学品；因转产、停产、搬迁、关闭等确需转让的，应当向具有本条例第三十八条第一款、第二款规定的相关许可证件或者证明文件的单位转让，并在转让后将有关情况及时向所在地县级人民政府公安机关报告。

第五章　运输安全

第四十三条

从事危险化学品道路运输、水路运输的，应当分别依照有关道路运输、水路运输的法律、行政法规的规定，取得危险货物道路运输许可、危险货物水路运输许可，并向工商行政管理部门办理登记手续。危险化学品道路运输企业、水路运输企业应当配备专职安全管理人员。

第四十四条

危险化学品道路运输企业、水路运输企业的驾驶人员、船员、装卸管理人员、押运人员、申报人员、集装箱装箱现场检查员应当经交通运输主管部门考核合格，取得从业资格。具体办法由国务院交通运输主管部门制定。危险化学品的装卸作业应当遵守安全作业标准、规程和制度，并在装卸管理人员的现场指挥或者监控下进行。水路运输危险化学品的集装箱装箱作业应当在集装箱装箱现场检查员的指挥或者监控下进行，并符合积载、隔离的规范和要求；装箱作业完毕后，集装箱装箱现场检查员应当签署装箱证明书。

第四十五条

运输危险化学品，应当根据危险化学品的危险特性采取相应的安全防护措施，并配备必要的防护用品和应急救援器材。用于运输危险化学品的槽罐以及其他容器应当封口严密，能够防止危险化学品在运输过程中因温度、湿度或者压力的变化发生渗漏、洒漏；槽罐以及其他容器的溢流和泄压装置应当设置准确、起闭灵活。运输危险化学品的驾驶人员、船员、装卸管理人员、押运人员、申报人员、集装箱装箱现场检查员，应当了解所运输的危险化学品的危险特性及其包装物、容器的使用要求和出现危险情况时的应急处置方法。

第四十六条

通过道路运输危险化学品的，托运人应当委托依法取得危险货物道路运输许可的企业承运。

第四十七条

通过道路运输危险化学品的，应当按照运输车辆的核定载质量装载危险化学品，不得超载。危险化学品运输车辆应当符合国家标准要求的安全技术条件，并按照国家有关规定定期进行安全技术检验。危险化学品运输车辆应当悬挂或者喷涂符合国家标准要求的警示标志。

第四十八条

通过道路运输危险化学品的，应当配备押运人员，并保证所运输的危险化学品处于押运人员的监控之下。运输危险化学品途中因住宿或者发生影响正常运输的情况，需要较长时间停车的，驾驶人员、押运人员应当采取相应的安全防范措施；运输剧毒化学品或者易制爆危险化学品的，还应当向当地公安机关报告。

第四十九条

未经公安机关批准，运输危险化学品的车辆不得进入危险化学品运输车辆限制通行的区域。危险化学品运输车辆限制通行的区域由县级人民政府公安机关划定，并设置明显的标志。

第五十条

通过道路运输剧毒化学品的，托运人应当向运输始发地或者目的地县级人民政府公安机关申请剧毒化学品道路运输通行证。申请剧毒化学品道路运输通行证，托运人应当向县级人民政府公安机关提交下列材料：（一）拟运输的剧毒化学品品种、数量的说明；（二）运输始发地、目的地、运输时间和运输路线的说明；（三）承运人取得危险货物道路运输许可、运输车辆取得营运证以及驾驶人员、押运人员取得上岗资格的证明文件；（四）本条例第三十八条第一款、第二款规定的购买剧毒化学品的相关许可证件，或者海关出具的进出口证明文件。县级人民政府公安机关应当自收到前款规定的材料之日起7日内，做出批准或者不予批准的决定。予以批准的，颁发剧毒化学品道路运输通行证；不予批准的，书面通知申请人并说明理由。剧毒化学品道路运输通行证管理办法由国务院公安部门制定。

第五十一条

剧毒化学品、易制爆危险化学品在道路运输途中丢失、被盗、被抢或者出现流散、泄漏等情况的，驾驶人员、押运人员应当立即采取相应的警示措施和安全措施，并向当地公安机关报告。公安机关接到报告后，应当根据实际情况立即向安全生产监督管理部门、环境保护主管部门、卫生主管部门通报。有关部门应当采取必要的应急处置措施。

第五十二条

通过水路运输危险化学品的，应当遵守法律、行政法规以及国务院交通运输主管部门关于危险货物水路运输安全的规定。

第五十三条

海事管理机构应当根据危险化学品的种类和危险特性，确定船舶运输危险化学品的相关安全运输条件。拟交付船舶运输的化学品的相关安全运输条件不明确的，货物所有人或者代理人应当委托相关技术机构进行评估，明确相关安全运输条件并经海事管理机构确认后，方可交付船舶运输。

第五十四条

禁止通过内河封闭水域运输剧毒化学品以及国家规定禁止通过内河运输的其他危险化学品。前款规定以外的内河水域，禁止运输国家规定禁止通过内河运输的剧毒化学品以及其他危险化学品。禁止通过内河运输的剧毒化学品以及其他危险化学品的范围，由国务院交通运输主管部门会同国务院环境保护主管部门、工业和信息化主管部门、安全生产监督管理部门，根据危险化学品的危险特性、危险化学品对人体和水环境的危害程度以及消除危害后果的难易程度等因素规定并公布。

第五十五条

国务院交通运输主管部门应当根据危险化学品的危险特性，对通过内河运输本条例第五十四条规定以外的危险化学品（以下简称通过内河运输危险化学品）实行分类管理，对各类危险化学品的运输方式、包装规范和安全防护措施等分别作出规定并监督实施。

第五十六条

通过内河运输危险化学品，应当由依法取得危险货物水路运输许可的水路运输企业承运，其他单位和个人不得承运。托运人应当委托依法取得危险货物水路运输许可的水路运输企业承运，不得委托其他单位和个人承运。

第五十七条

通过内河运输危险化学品，应当使用依法取得危险货物适装证书的运输船舶。水路运输企业应当针对所运输的危险化学品的危险特性，制定运输船舶危险化学品事故应急救援预案，并为运输船舶配备充足、有效的应急救援器材和设备。通过内河运输危险化学品的船舶，其所有人或者经营人应当取得船舶污染损害责任保险证书或者财务担保证明。船舶污染损害责任保险证书或者财务担保证明的副本应当随船携带。

第五十八条

通过内河运输危险化学品，危险化学品包装物的材质、型式、强度以及包装方法应当符合水路运输危险化学品包装规范的要求。国务院交通运输主管部门对单船运输的危险化学品数量有限制性规定的，承运人应当按照规定安排运输数量。

第五十九条

用于危险化学品运输作业的内河码头、泊位应当符合国家有关安全规范，与饮用水取水口保持国家规定的距离。有关管理单位应当制定码头、泊位危险化学品事故应急预案，并为码头、泊位配备充足、有效的应急救援器材和设备。用于危险化学品运输作业的内河码头、泊位，经交通运输主管部门按照国家有关规定验收合格后方可投入使用。

第六十条

船舶载运危险化学品进出内河港口，应当将危险化学品的名称、危险特性、包装以及进出港时间等事项，事先报告海事管理机构。海事管理机构接到报告后，应当在国务院交通运输主管部门规定的时间内做出是否同意的决定，通知报告人，同时通报港口行政管理部门。定船舶、定航线、定货种的船舶可以定期报告。在内河港口内进行危险化学品的装卸、过驳作业，应当将危险化学品的名称、危险特性、包装和作业的时间、地点等事项报告港口行政管理部门。港口行政管理部门接到报告后，应当在国务院交通运输主管部门规定的时间内作出是否同意的决定，通知报告人，同时通报海事管理机构。载运危险化学品的船舶在内河航行，通过过船建筑物的，应当提前向交通运输主管部门申报，并接受交通运输主管部门的管理。

第六十一条

载运危险化学品的船舶在内河航行、装卸或者停泊，应当悬挂专用的警示标志，按照规定显示专用信号。载运危险化学品的船舶在内河航行，按照国务院交通运输主管部门的规定需要引航的，应当申请引航。

第六十二条

载运危险化学品的船舶在内河航行，应当遵守法律、行政法规和国家其他有关饮用水水源保护的规定。内河航道发展规划应当与依法经批准的饮用水水源保护区划定方案相协调。

第六十三条

托运危险化学品的，托运人应当向承运人说明所托运的危险化学品的种类、数量、危险特性以及发生危险情况的应急处置措施，并按照国家有关规定对所托运的危险化学品妥善包装，在外包装上设置相应的标志。运输危险化学品需要添加抑制剂或者稳定剂的，托运人应当添加，并将有关情况告知承运人。

第六十四条

托运人不得在托运的普通货物中夹带危险化学品，不得将危险化学品匿报或者谎报为普通货物托运。任何单位和个人不得交寄危险化学品或者在邮件、快件内夹带危险化学品，不得将危险化学品匿报或者谎报为普通物品交寄。邮政企业、快递企业不得收寄危险化学品。对涉嫌违反本条第一款、第二款规定的，交通运输主管部门、邮政管理部门可以依法开拆查验。

第六十五条

通过铁路、航空运输危险化学品的安全管理，依照有关铁路、航空运输的法律、行政法规、规章的规定执行。

第六章 危险化学品登记与事故应急救援

第六十六条

国家实行危险化学品登记制度，为危险化学品安全管理以及危险化学品事故预防和应急救援提供技术、信息支持。

第六十七条

危险化学品生产企业、进口企业，应当向国务院安全生产监督管理部门负责危险化学品登记的机构（以下简称危险化学品登记机构）办理危险化学品登记。危险化学品登记包括下列内容：（一）分类和标签信息；（二）物理、化学性质；（三）主要用途；（四）危险特性；（五）储存、使用、运输的安全要求；（六）出现危险情况的应急处置措施。对同一企业生产、进口的同一品种的危险化学品，不进行重复登记。危险化学品生产企业、进口企业发现其生产、进口的危险化学品有新的危险特性的，应当及时向危险化学品登记机构办理登记内容变更手续。危险化学品登记的具体办法由国务院安全生产监督管理部门制定。

第六十八条

危险化学品登记机构应当定期向工业和信息化、环境保护、公安、卫生、交通运输、铁路、质量监督检验检疫等部门提供危险化学品登记的有关信息和资料。

第六十九条

县级以上地方人民政府安全生产监督管理部门应当会同工业和信息化、环境保护、公安、卫生、交通运输、铁路、质量监督检验检疫等部门，根据本地区实际情况，制定危险化学品事故应急预案，报本级人民政府批准。

第七十条

危险化学品单位应当制定本单位危险化学品事故应急预案，配备应急救援人员和必要的应急救援器材、设备，并定期组织应急救援演练。危险化学品单位应当将其危险化学品事故应急预案报所在地设区的市级人民政府安全生产监督管理部门备案。

第七十一条

发生危险化学品事故，事故单位主要负责人应当立即按照本单位危险化学品应急预案组织救援，并向当地安全生产监督管理部门和环境保护、公安、卫生主管部门报告；道路运输、水路运输过程中发生危险化学品事故的，驾驶人员、船员或者押运人员还应当向事故发生地交通运输主管部门报告。

第七十二条

发生危险化学品事故，有关地方人民政府应当立即组织安全生产监督管理、环境保护、公安、卫生、交通运输等有关部门，按照本地区危险化学品事故应急预案组织实施救援，不得拖延、推诿。有关地方人民政府及其有关部门应当按照下列规定，采取必要的应急处置措施，减少事故损失，防止事故蔓延、扩大：（一）立即组织营救和救治受害人员，疏散、撤离或者采取其他措施保护危害区域内的其他人员；（二）迅速控制危害源，测定危险化学品的性质、事故的危害区域及危害程度；（三）针对事故对人体、动植物、土壤、水源、大气造成的现实危害和可能产生的危害，迅速采取封闭、隔离、洗消等措施；（四）对危险化学品事故造成的环境污染和生态破坏状况进行监测、评估，并采取相应的环境污染治理和生态修复措施。

第七十三条

有关危险化学品单位应当为危险化学品事故应急救援提供技术指导和必要的协助。

第七十四条

危险化学品事故造成环境污染的，由设区的市级以上人民政府环境保护主管部门统一发布有关信息。

第七章　法律责任

第七十五条

生产、经营、使用国家禁止生产、经营、使用的危险化学品的，由安全生产监督管理部门责令停止生产、经营、使用活动，处20万元以上50万元以下的罚款，有违法所得的，没收违法所得；构成犯罪的，依法追究刑事责任。有前款规定行为的，安全生产监督管理部门还应当责令其对所生产、经营、使用的危险化学品进行无害化处理。违反国家关于危险化学品使用的限制性规定使用危险化学品的，依照本条第一款的规定处理。

第七十六条

未经安全条件审查，新建、改建、扩建生产、储存危险化学品的建设项目的，由安全生产监督管理部门责令停止建设，限期改正；逾期不改正的，处50万元以上100万元以下的罚款；构成犯罪的，依法追究刑事责任。未经安全条件审查，新建、改建、扩建储存、装卸危险化学品的港口建设项目的，由港口行政管理部门依照前款规定予以处罚。

第七十七条

未依法取得危险化学品安全生产许可证从事危险化学品生产，或者未依法取得工业产品生产许可证从事危险化学品及其包装物、容器生产的，分别依照《安全生产许可证条例》、《中华人民共和国工业产品生产许可证管理条例》的规定处罚。违反本条例规定，化工企业未取得危险化学品安全使用许可证，使用危险化学品从事生产的，由安全生产监督管理部门责令限期改正，处10万元以上20万元以下的罚款；逾期不改正的，责令停产整顿。违反本条例规定，未取得危险化学品经营许可证从事危险化学品经营的，由安全生产监督管理部门责令停止经营活动，没收违法经营的危险化学品以及违法所得，并处10万元以上20万元以下的罚款；构成犯罪的，依法追究刑事责任。

第七十八条

有下列情形之一的，由安全生产监督管理部门责令改正，可以处5万元以下的罚款；拒不改正的，处5万元以上10万元以下的罚款；情节严重的，责令停产停业整顿：（一）生产、储存危险化学品的单位未对其铺设的危险化学品管道设置明显的标志，或者未对危险化学品管道定期检查、检测的；（二）进行可能危及危险化学品管道安全的施工作业，施工单位未按照规定书面通知管道所属单位，或者未与管道所属单位共同制定应急预案、采取相应的安全防护措施，或者管道所属单位未指派专门人员到现场进行管道安全保护指导的；（三）危险化学品生产企业未提供化学品安全技术说明书，或者未在包装（包括外包装件）上粘贴、拴挂化学品安全标签的；（四）危险化学品生产企业提供的化学品安全技术说明书与其生产的危险化学品不相符，或者在包装（包括外包装件）粘贴、拴挂的化学品安全标签与包装内危险化学品不相符，或者化学品安全技术说明书、化学品安全标签所载明的内容不符合国家标准要求的；（五）危险化学品生产企业发现其生产的危险化学品有新的危险特性不立即公告，或者不及时修订其化学品安全技术说明书和化学品安全标签的；（六）危险化学品经营企业经营没有化学品安全技术说明书和化学品安全标签的危险化学品的；（七）危险化学品包装物、容器的材质以及包装的型式、规格、方法和单件质量（重量）与所包装的危险化学品的性质和用途不相适应的；（八）生产、储存危险化学品的单位未在作业场所和安全设施、设备上设置明显的安全警示标志，或者未在作业场所设置通信、报警装置的；（九）危险化学品专用仓库未设专人负责管理，或者对储存的剧毒化学品以及储存数量构成重大危险源的其他危险化学品未实行双人收发、双人保管制度的；（十）储存危险化学品的单位未建立危险化学品出入库核查、登记制度的；（十一）危险化学品专用仓库未设置明显标志的；（十二）危险化学品生产企业、进口企业不办理危险化学品登记，或者发现其生产、进口的危险化学品有新的危险特性不办理危险化学品登记内容变更手续的。从事危险化学品仓储经营的港口经营人有前款规定情形的，由港口行政管理部门依照前款规定予以处罚。储存剧毒化学品、易制爆危险化学品的专用仓库未按照国家有关规定设置相应的技术防范设施的，由公安机关依照前款规定予以处罚。生产、储存剧毒化学品、易制爆危险化学品的单位未设置治安保卫机构、配备专职治安保卫人员的，依照《企业事业单位内部治安保卫条例》的规定处罚。

第七十九条

危险化学品包装物、容器生产企业销售未经检验或者经检验不合格的危险化学品包装物、容器的，由质量监督检验检疫部门责令改正，处10万元以上20万元以下的罚款，有违法所得的，没收违法所得；拒不改正的，责令停产停业整顿；构成犯罪的，依法追究刑事责任。将未经检验合格的运输危险化学品的船舶及其配载的容器投入使用的，由海事管理机构依照前款规定予以处罚。

第八十条

生产、储存、使用危险化学品的单位有下列情形之一的，由安全生产监督管理部门责令改正，处5万元以上10万元以下的罚款；拒不改正的，责令停产停业整顿直至由原发证机关吊销其相关许可证件，并由工商行政管理部门责令其办理经营范围变更登记或者吊销其营业执照；有关责任人员构成犯罪的，依法追究刑事责任：（一）对重复使用的危险化学品包装物、容器，在重复使用前不进行检查的；（二）未根据其生产、储存的危险化学品的种类和危险特性，在作业场所设置相关安全设施、设备，或者未按照国家标准、行业标准或者国家有关规定对安全设施、设备进行经常性维护、保养的；（三）未依照本条例规定对其安全生产条件定期进行安全评价的；（四）未将危险化学品储存在专用仓库内，或者未将剧毒化学品以及储存数量构成重大危险源的其他危险化学品在专用仓库内单独存放的；（五）危险化学品的储存方式、方法或者储存数量不符合国家标准或者国家有关规定的；（六）危险化学品专用仓库不符合国家标准、行业标准的要求的；（七）未对危险化学品专用仓库的安全设施、设备定期进行检测、检验的。从事危险化学品仓储经营的港口经营人有前款规定情形的，由港口行政管理部门依照前款规定予以处罚。

第八十一条

有下列情形之一的，由公安机关责令改正，可以处1万元以下的罚款；拒不改正的，处1万元以上5万元以下的罚款：（一）生产、储存、使用剧毒化学品、易制爆危险化学品的单位不如实记录生产、储存、使用的剧毒化学品、易制爆危险化学品的数量、流向的；（二）生产、储存、使用剧毒化学品、易制爆危险化学品的单位发现剧毒化学品、易制爆危险化学品丢失或者被盗，不立即向公安机关报告的；（三）储存剧毒化学品的单位未将剧毒化学品的储存数量、储存地点以及管理人员的情况报所在地县级人民政府公安机关备案的；（四）危险化学品生产企业、经营企业不如实记录剧毒化学品、易制爆危险化学品购买单位的名称、地址、经办人的姓名、身份证号码以及所购买的剧毒化学品、易制爆危险化学品的品种、数量、用途，或者保存销售记录和相关材料的时间少于1年的；（五）剧毒化学品、易制爆危险化学品的销售企业、购买单位未在规定的时限内将所销售、购买的剧毒化学品、易制爆危险化学品的品种、数量以及流向信息报所在地县级人民政府公安机关备案的；（六）使用剧毒化学品、易制爆危险化学品的单位依照本条例规定转让其购买的剧毒化学品、易制爆危险化学品，未将有关情况向所在地县级人民政府公安机关报告的。生产、储存危险化学品的企业或者使用危险化学品从事生产的企业未按照本条例规定将安全评价报告以及整改方案的落实情况报安全生产监督管理部门或者港口行政管理部门备案，或者储存危险化学品的单位未将其剧毒化学品以及储存数量构成重大危险源的其他危险化学品的储存数量、储存地点以及管理人员的情况报安全生产监督管理部门或者港口行政管理部门备案的，分别由安全生产监督管理部门或者港口行政管理部门依照前款规定予以处罚。生产实施重点环境管理的危险化学品的企业或者使用实施重点环境管理的危险化学品从事生产的企业未按照规定将相关信息向环境保护主管部门报告的，由环境保护主管部门依照本条第一款的规定予以处罚。

第八十二条

生产、储存、使用危险化学品的单位转产、停产、停业或者解散，未采取有效措施及时、妥善处置其危险化学品生产装置、储存设施以及库存的危险化学品，或者丢弃危险化学品的，由安全生产监督管理部门责令改正，处5万元以上10万元以下的罚款；构成犯罪的，依法追究刑事责任。生产、储存、使用危险化学品的单位转产、停产、停业或者解散，未依照本条例规定将其危险化学品生产装置、储存设施以及库存危险化学品的处置方案报有关部门备案的，分别由有关部门责令改正，可以处1万元以下的罚款；拒不改正的，处1万元以上5万元以下的罚款。

第八十三条

危险化学品经营企业向未经许可违法从事危险化学品生产、经营活动的企业采购危险化学品的，由工商行政管理部门责令改正，处10万元以上20万元以下的罚款；拒不改正的，责令停业整顿直至由原发证机关吊销其危险化学品经营许可证，并由工商行政管理部门责令其办理经营范围变更登记或者吊销其营业执照。

第八十四条

危险化学品生产企业、经营企业有下列情形之一的，由安全生产监督管理部门责令改正，没收违法所得，并处10万元以上20万元以下的罚款；拒不改正的，责令停产停业整顿直至吊销其危险化学品安全生产许可证、危险化学品经营许可证，并由工商行政管理部门责令其办理经营范围变更登记或者吊销其营业执照：（一）向不具有本条例第三十八条第一款、第二款规定的相关许可证件或者证明文件的单位销售剧毒化学品、易制爆危险化学品的；（二）不按照剧毒化学品购买许可证载明的品种、数量销售剧毒化学品的；（三）向个人销售剧毒化学品（属于剧毒化学品的农药除外）、易制爆危险化学品的。不具有本条例第三十八条第一款、第二款规定的相关许可证件或者证明文件的单位购买剧毒化学品、易制爆危险化学品，或者个人购买剧毒化学品（属于剧毒化学品的农药除外）、易制爆危险化学品的，由公安机关没收所购买的剧毒化学品、易制爆危险化学品，可以并处5000元以下的罚款。使用剧毒化学品、易制爆危险化学品的单位出借或者向不具有本条例第三十八条第一款、第二款规定的相关许可证件的单位转让其购买的剧毒化学品、易制爆危险化学品，或者向个人转让其购买的剧毒化学品（属于剧毒化学品的农药除外）、易制爆危险化学品的，由公安机关责令改正，处10万元以上20万元以下的罚款；拒不改正的，责令停产停业整顿。

第八十五条

未依法取得危险货物道路运输许可、危险货物水路运输许可，从事危险化学品道路运输、水路运输的，分别依照有关道路运输、水路运输的法律、行政法规的规定处罚。

第八十六条

有下列情形之一的，由交通运输主管部门责令改正，处5万元以上10万元以下的罚款；拒不改正的，责令停产停业整顿；构成犯罪的，依法追究刑事责任：（一）危险化学品道路运输企业、水路运输企业的驾驶人员、船员、装卸管理人员、押运人员、申报人员、集装箱装箱现场检查员未取得从业资格上岗作业的；（二）运输危险化学品，未根据危险化学品的危险特性采取相应的安全防护措施，或者未配备必要的防护用品和应急救援器材的；（三）使用未依法取得危险货物适装证书的船舶，通过内河运输危险化学品的；（四）通过内河运输危险化学品的承运人违反国务院交通运输主管部门对单船运输的危险化学品数量的限制性规定运输危险化学品的；（五）用于危险化学品运输作业的内河码头、泊位不符合国家有关安全规范，或者未与饮用水取水口保持国家规定的安全距离，或者未经交通运输主管部门验收合格投入使用的；（六）托运人不向承运人说明所托运的危险化学品的种类、数量、危险特性以及发生危险情况的应急处置措施，或者未按照国家有关规定对所托运的危险化学品妥善包装并在外包装上设置相应标志的；（七）运输危险化学品需要添加抑制剂或者稳定剂，托运人未添加或者未将有关情况告知承运人的。

第八十七条

有下列情形之一的，由交通运输主管部门责令改正，处10万元以上20万元以下的罚款，有违法所得的，没收违法所得；拒不改正的，责令停产停业整顿；构成犯罪的，依法追究刑事责任：（一）委托未依法取得危险货物道路运输许可、危险货物水路运输许可的企业承运危险化学品的；（二）通过内河封闭水域运输剧毒化学品以及国家规定禁止通过内河运输的其他危险化学品的；（三）通过内河运输国家规定禁止通过内河运输的剧毒化学品以及其他危险化学品的；（四）在托运的普通货物中夹带危险化学品，或者将危险化学品谎报或者匿报为普通货物托运的。在邮件、快件内夹带危险化学品，或者将危险化学品谎报为普通物品交寄的，依法给予治安管理处罚；构成犯罪的，依法追究刑事责任。邮政企业、快递企业收寄危险化学品的，依照《中华人民共和国邮政法》的规定处罚。

第八十八条

有下列情形之一的，由公安机关责令改正，处5万元以上10万元以下的罚款；构成违反治安管理行为的，依法给予治安管理处罚；构成犯罪的，依法追究刑事责任：（一）超过运输车辆的核定载质量装载危险化学品的；（二）使用安全技术条件不符合国家标准要求的车辆运输危险化学品的；（三）运输危险化学品的车辆未经公安机关批准进入危险化学品运输车辆限制通行的区域的；（四）未取得剧毒化学品道路运输通行证，通过道路运输剧毒化学品的。

第八十九条

有下列情形之一的，由公安机关责令改正，处1万元以上5万元以下的罚款；构成违反治安管理行为的，依法给予治安管理处罚：（一）危险化学品运输车辆未悬挂或者喷涂警示标志，或者悬挂或者喷涂的警示标志不符合国家标准要求的；（二）通过道路运输危险化学品，不配备押运人员的；（三）运输剧毒化学品或者易制爆危险化学品途中需要较长时间停车，驾驶人员、押运人员不向当地公安机关报告的；（四）剧毒化学品、易制爆危险化学品在道路运输途中丢失、被盗、被抢或者发生流散、泄露等情况，驾驶人员、押运人员不采取必要的警示措施和安全措施，或者不向当地公安机关报告的。

第九十条

对发生交通事故负有全部责任或者主要责任的危险化学品道路运输企业，由公安机关责令消除安全隐患，未消除安全隐患的危险化学品运输车辆，禁止上道路行驶。

第九十一条

有下列情形之一的，由交通运输主管部门责令改正，可以处1万元以下的罚款；拒不改正的，处1万元以上5万元以下的罚款：（一）危险化学品道路运输企业、水路运输企业未配备专职安全管理人员的；（二）用于危险化学品运输作业的内河码头、泊位的管理单位未制定码头、泊位危险化学品事故应急救援预案，或者未为码头、泊位配备充足、有效的应急救援器材和设备的。

第九十二条

有下列情形之一的，依照《中华人民共和国内河交通安全管理条例》的规定处罚：（一）通过内河运输危险化学品的水路运输企业未制定运输船舶危险化学品事故应急救援预案，或者未为运输船舶配备充足、有效的应急救援器材和设备的；（二）通过内河运输危险化学品的船舶的所有人或者经营人未取得船舶污染损害责任保险证书或者财务担保证明的；（三）船舶载运危险化学品进出内河港口，未将有关事项事先报告海事管理机构并经其同意的；（四）载运危险化学品的船舶在内河航行、装卸或者停泊，未悬挂专用的警示标志，或者未按照规定显示专用信号，或者未按照规定申请引航的。未向港口行政管理部门报告并经其同意，在港口内进行危险化学品的装卸、过驳作业的，依照《中华人民共和国港口法》的规定处罚。

第九十三条

伪造、变造或者出租、出借、转让危险化学品安全生产许可证、工业产品生产许可证，或者使用伪造、变造的危险化学品安全生产许可证、工业产品生产许可证的，分别依照《安全生产许可证条例》、《中华人民共和国工业产品生产许可证管理条例》的规定处罚。伪造、变造或者出租、出借、转让本条例规定的其他许可证，或者使用伪造、变造的本条例规定的其他许可证的，分别由相关许可证的颁发管理机关处10万元以上20万元以下的罚款，有违法所得的，没收违法所得；构成违反治安管理行为的，依法给予治安管理处罚；构成犯罪的，依法追究刑事责任。

第九十四条

危险化学品单位发生危险化学品事故，其主要负责人不立即组织救援或者不立即向有关部门报告的，依照《生产安全事故报告和调查处理条例》的规定处罚。危险化学品单位发生危险化学品事故，造成他人人身伤害或者财产损失的，依法承担赔偿责任。

第九十五条

发生危险化学品事故，有关地方人民政府及其有关部门不立即组织实施救援，或者不采取必要的应急处置措施减少事故损失，防止事故蔓延、扩大的，对直接负责的主管人员和其他直接责任人员依法给予处分；构成犯罪的，依法追究刑事责任。

第九十六条

负有危险化学品安全监督管理职责的部门的工作人员，在危险化学品安全监督管理工作中滥用职权、玩忽职守、徇私舞弊，构成犯罪的，依法追究刑事责任；尚不构成犯罪的，依法给予处分。

第八章　附　则

第九十七条

监控化学品、属于危险化学品的药品和农药的安全管理，依照本条例的规定执行；法律、行政法规另有规定的，依照其规定。民用爆炸物品、烟花爆竹、放射性物品、核能物质以及用于国防科研生产的危险化学品的安全管理，不适用本条例。法律、行政法规对燃气的安全管理另有规定的，依照其规定。危险化学品容器属于特种设备的，其安全管理依照有关特种设备安全的法律、行政法规的规定执行。

第九十八条

危险化学品的进出口管理，依照有关对外贸易的法律、行政法规、规章的规定执行；进口的危险化学品的储存、使用、经营、运输的安全管理，依照本条例的规定执行。危险化学品环境管理登记和新化学物质环境管理登记，依照有关环境保护的法律、行政法规、规章的规定执行。危险化学品环境管理登记，按照国家有关规定收取费用。

第九十九条

公众发现、捡拾的无主危险化学品，由公安机关接收。公安机关接收或者有关部门依法没收的危险化学品，需要进行无害化处理的，交由环境保护主管部门组织其认定的专业单位进行处理，或者交由有关危险化学品生产企业进行处理。处理所需费用由国家财政负担。

第一百条

化学品的危险特性尚未确定的，由国务院安全生产监督管理部门、国务院环境保护主管部门、国务院卫生主管部门分别负责组织对该化学品的物理危险性、环境危害性、毒理特性进行鉴定。根据鉴定结果，需要调整危险化学品目录的，依照本条例第三条第二款的规定办理。

第一百〇一条

本条例施行前已经使用危险化学品从事生产的化工企业，依照本条例规定需要取得危险化学品安全使用许可证的，应当在国务院安全生产监督管理部门规定的期限内，申请取得危险化学品安全使用许可证。

第一百〇二条

本条例自 2011 年 12 月 1 日起施行。

（来源：中华人民共和国中央人民政府网站 http://www.gov.cn/zhengce/2011-03/11/content_2602576.htm）